Herbert Weber

Zellbiologie und Genetik der Hefen
Methoden und Arbeitstechniken

Zellbiologie und Genetik der Hefen

Methoden und Arbeitstechniken

von

Herbert Weber
Zentralinstitut für Mikrobiologie und experimentelle Therapie
der Akademie der Wissenschaften der DDR

unter Mitarbeit von Gerold Barth

mit 30 Abbildungen

AKADEMIE-VERLAG · BERLIN

1982

Erschienen im Akademie-Verlag, DDR-1086 Berlin, Leipziger Straße 3—4
Lektor: Christiane Grunow

Lizenznummer: 202 · 100/495/82
Broschurumschlag: Rolf Kunze
Gesamtherstellung: VEB Druckhaus „Maxim Gorki“, 7400 Altenburg
Bestellnummer: 762 970 3 (6629) · LSV 1344
Printed in GDR
DDR 22,— M

Vorwort

Die Bedeutung der Hefen beruhte in der Vergangenheit vor allem auf ihrer Verwendung bei der Getränke- und Brotherstellung. Mit der Einführung neuer Substrate (n-Alkane, Methanol) sowie dem Nachweis neuer Produkte (Enzyme, Aminosäuren, organische Säuren u. a.) und der Entdeckung weiterer Leistungen, wie z. B. Fähigkeit zur Transformation von Steroiden, hat sich das Einsatzgebiet dieser Organismen erheblich erweitert. Die moderne Fermentationsindustrie ist dringend daran interessiert, die Palette hochveredelter mikrobieller Produkte zu erweitern und strebt danach, durch gezielte phänotypische und genotypische Optimierung der Stammleistung sowie Einführung neuer Produzenten die Effektivität und Rentabilität bestehender sowie neuer Herstellungsverfahren wesentlich zu verbessern. Diesem Bedürfnis kann in absehbarer Zeit nur entsprochen werden, indem moderne wissenschaftliche Erkenntnisse einschließlich der notwendigen methodischen Erfahrungen stärkeren Eingang in die Praxis finden. Dieser Entwicklung kommt das in jüngster Zeit gewachsene allgemeine Interesse für diese einzelligen eukaryotischen Mikroorganismen entgegen: Hefen wurden zu einem bevorzugten Objekt der Grundlagenforschung. Das ist vor allem darauf zurückzuführen, daß sie die strukturelle Komplexität der Zellen höher organisierter Organismen besitzen und im Hinblick auf ihre leichte Handhabung, schnelle Anzucht infolge hoher Vermehrungsraten, geringen Grad der Differenzierung sowie das Vorkommen einer haploiden und diploiden Entwicklungsphase vorzüglich zum Studium fundamentaler Lebensprozesse geeignet sind. Diese Vorzüge sind ein wesentlicher Grund dafür, daß Hefen immer mehr als relativ einfache und zugängliche Modelle in der Molekularbiologie, Genetik, Biochemie, Physiologie und anderen Disziplinen Anwendung finden. Es ist deshalb nicht verwunderlich, daß sich ein starkes Bedürfnis nach Methoden herausgebildet hat, mit deren Hilfe die Hefen auf spezielle Fähigkeiten und Merkmale untersucht und charakterisiert werden können. Es gibt jedoch nur vereinzelt methodisch orientierte, zusammenfassende Darstellungen zur experimentellen Handhabung von Hefen. Vor allem im deutschsprachigen Schrifttum ist eine Abhandlung von Methoden auf diesem Gebiet ausgesprochen lückenhaft. Uns ist lediglich eine detaillierte Beschreibung routinemäßiger Methoden bekannt, die vorwiegend der biologischen Betriebskontrolle in der Gärungsindustrie dient und mehr prozeß- als objektorientiert ist. Die wiederholte Nachfrage nach Details einer Reihe von speziellen Techniken und Methoden, wie z. B. der Haltung und Konservierung von Hefen, ihre zellbiologische Charakterisierung, Gewinnung von Protoplasten, Methoden der Hybridisierung und Mutantengewinnung bei Hefen u. a. haben daher den Autor und den Verlag veranlaßt, eine Auswahl derartiger Methoden in einem Band zusammenzufassen. Diese Auswahl konnte aber nur subjektiv sein und es fiel schwer, auf die Darstellung verschiedener Methoden, wie spezielle mikroskopische Techniken, die Lebendkeimbestimmung, die Aufstellung von Wachstumskurven, die Kernisolierung sowie weiterer genetischer Techniken zu verzichten. Spezielle Methoden der Molekularbiologie und Genetik wurden ausgeklammert, weil sie in den jeweiligen Laboratorien zur methodischen Routine gehören und nötigenfalls in der einschlägigen Fachliteratur nachzulesen sind. Aus diesen Gründen sowie infolge der Beschränkung des Umfanges erfuhr auch der Abschnitt Genetische Analyse einen weitgehend beschreibenden Charakter. Die Kenntnis allgemeiner mikrobiologischer Arbeitstechniken wie Impfen, Pipettieren, Gießen von Platten usw. unter aseptischen Bedingungen sowie mikroskopischer Techniken wird vorausgesetzt. Es erfolgt daher nur ein Hinweis auf die diesbezügliche Literatur.

Zum besseren Verständnis ist den einzelnen Kapiteln oder Experimenten eine kurze Erläuterung des Problems bzw. des der Methode zugrunde liegenden Prinzips vorangestellt. Dabei wurden die neuesten Erkenntnisse berücksichtigt. Eine derartige in modernen Büchern verbreitete Erläuterung erscheint im Hinblick auf die schnelle Entwicklung z. B. der Hefegenetik erforderlich. Sie soll zusammen mit der Erklärung einiger Fachausdrücke dem wenig mit Hefe Vertrauten das Verständnis für das spezielle Problem erleichtern und mittels der sich jeweils anschließenden Literaturhinweise das Interesse für ein weitergehendes Studium wecken. Bei der Darstellung der Methoden erfolgte eine eingehende Beschreibung des Versuchsablaufs, um insbesondere denen, die auf diesem Gebiet wenig Erfahrungen besitzen, einen Zugang zur experimentellen Arbeit mit Hefen zu ermöglichen. Das Buch wendet sich in erster Linie an all jene, die sich auf ein dem Inhalt entsprechendes Methodenspektrum zur Charakterisierung ihres Objektes „Hefe“ stützen müssen. Ich hoffe, daß diese Methodenauswahl vor allem für Studenten, aber auch Mikrobiologen, Biochemiker, Physiologen und Mykologen in den verschiedensten Bereichen, in denen Hefen für unterschiedliche Zielstellungen, z. T. lediglich als experimentelle Systeme genutzt werden, eine Hilfe sein wird. Sie kann aber auch als Anleitung für Arbeitsgemeinschaften sowie die Fachausbildung von Biologielaboranten und MTA dienen.

Die hier beschriebenen Methoden sind zum Teil über viele Jahre in der Laborpraxis des Zentralinstitutes für Mikrobiologie und experimentelle Therapie Jena erprobt worden. Die meisten dieser Techniken wurden an Stämmen von *Saccharomyces cerevisiae* erarbeitet. Sie sind jedoch auch für andere Hefestämme anwendbar, wie am Beispiel der alkanverwertenden Hefe *Saccharomycopsis lipolytica* gezeigt wird.

Die Anregung, die vorhandenen methodischen Erfahrungen zellbiologischer und genetischer Untersuchungen an Hefen zusammenzufassen und in Buchform zu veröffentlichen, verdanke ich Herrn Prof. F. BERGTER. Dem Akademie-verlag, vor allem Frau GRUNOW, danke ich für das entgegengebrachte Interesse und die gute Zusammenarbeit in allen Fragen. Ganz besonders danke ich Herrn Dr. G. BARTH für die Bereitschaft, die Abfassung der Kapitel Mutagenese und genetische Analyse zu übernehmen. Herrn Prof. R. MORTIMER (California Universität, Berkeley, USA) bin ich für die Bereitstellung der soeben fertiggestellten, neuen Genkarte von *Sacch. cerevisiae* sehr verbunden. Den Firmen Kombinat VEB Carl Zeiss Jena, Massi Werdau, VEB MLW Ilmenau sowie New Brunswick Scientific Co., Inc. danke ich für die Überlassung der Geräteabbildungen. Mein Dank gilt weiterhin meinen Mitarbeitern Frau FRANZL, Frau RINCK, Frau Dr. SPATA, Frau KUNZE, Frau BRÜCKNER sowie Frau KURISCHKO, die mit ihrer gewissenhaften Arbeit die Grundlage für die Entwicklung, das Gelingen und den erfolgreichen Einsatz der beschriebenen Methoden geschaffen haben, zum Teil Abbildungen und unveröffentlichte Details zur Verfügung stellten und sich an der kritischen Durchsicht des Manuskriptes beteiligten. Frau OTTO gebührt mein Dank für die schreibtechnische Gestaltung und Frau SAUER, Frau LAST und Frau BARKHAHN für die gewissenhaften fotografischen Arbeiten.

Herbert WEBER

Inhalt

Einführung in die Biologie der Hefen

Hefen werden als Pilze definiert, in deren Lebenszyklus die einzellige Form dominiert. Gegenwärtig sind weit über 4000 Hefestämme näher beschrieben. Davon wurden jedoch lediglich 434 Arten eingehender charakterisiert und taxonomisch etwa 40 Gattungen zugeordnet. Die Taxonomie der Hefen befindet sich in ständiger Bewegung, da immer wieder neue Stämme isoliert werden und bekannte Stämme infolge der sich erweiternden Kriterien und neuer Daten reklassifiziert werden müssen. Die Anzahl der in der technischen Mikrobiologie und in der Grundlagenforschung genutzten Arten erreicht nur etwa zwei Dutzend. Die nachfolgende Übersicht enthält die in dieser Hinsicht wesentlichsten Gattungen. Den vordersten Rang überhaupt nimmt die Gattung *Saccharomyces* ein, gefolgt von den in erster Linie industriell bedeutsamen *Candida*-Hefen. Mit Abstand folgen die Spalthefe *Schizosaccharomyces*, die ascosporogenen Hefen *Pichia, Hansenula, Kluyveromyces, Saccharomycopsis* und die imperfekte Hefe *Rhodotorula* sowie einige weitere Gattungen.

Fam. Cryptococcaceae

(Anascosporogene Hefen)
Candida
Kloeckera
Trichosporon
Brettanomyces
Rhodotorula (*Rhodosporidium*)[1]

Fam. Endomycetaceae

(Ascosporogene Hefen)
Saccharomyces
Schizosaccharomyces
Saccharomycopsis
Kluyveromyces
Pichia
Hansenula
Endomyces

Während in der ersten Kolonne einige Gattungen der anascosporogenen oder imperfekten Hefen aufgeführt sind, handelt es sich bei den Gattungen der zweiten Spalte um sogenannte perfekte, das heißt zur sexuellen Reproduktion

[1] Rhodosporidium ist die perfekte Form dieser basidiomycetalen Hefe.

befähigte Hefen, die einen geschlossenen Entwicklungszyklus mit Haplo- und Diplophase aufweisen (Abb. 1). Dieser Phasenwechsel ist charakteristisch für die perfekten Hefen und macht sie gerade deshalb für genetische Studien interessant und zugänglich.

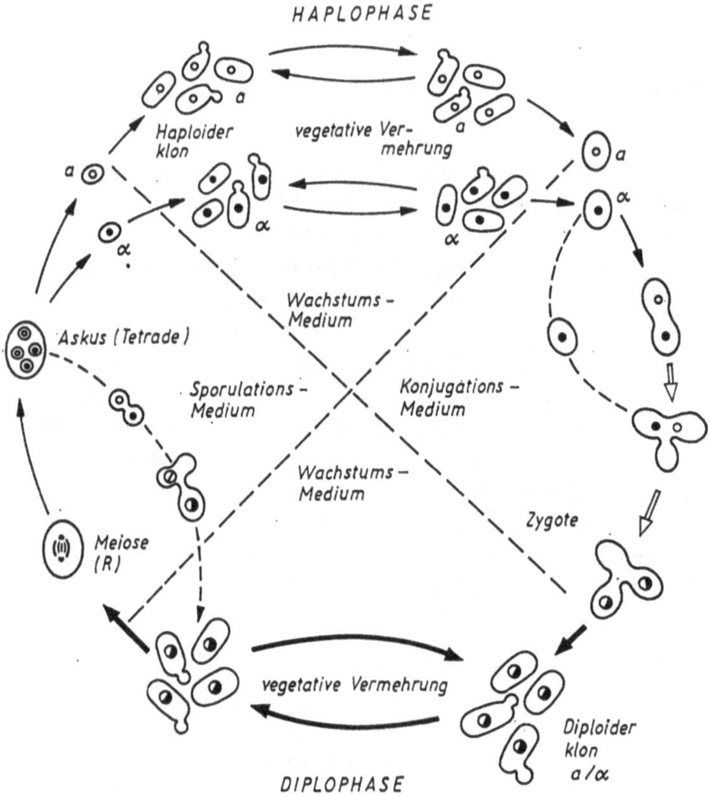

Abb. 1. Lebenszyklus heterothallischer Stämme von *Saccharomyces cerevisiae*. Die Haplophase ist durch dünne, die Diplophase durch dicke Pfeile dargestellt. R — Reduktionsteilung

Diese Besonderheit schließt die Aufeinanderfolge von vegetativer und generativer (sexueller) Vermehrung ein. Die meisten Hefen vermehren sich vegetativ durch einen als Knospung bzw. als Sprossung bezeichneten Vorgang („Sproßhefen") (Abb. 2). Dabei kommt es in der polaren Region der häufig rotationselliptischen Hefezelle zu einer Ausstülpung, die an Größe zunimmt und als Tochterzelle bezeichnet wird. Sie erhält das Cytoplasma mit seinen struk-

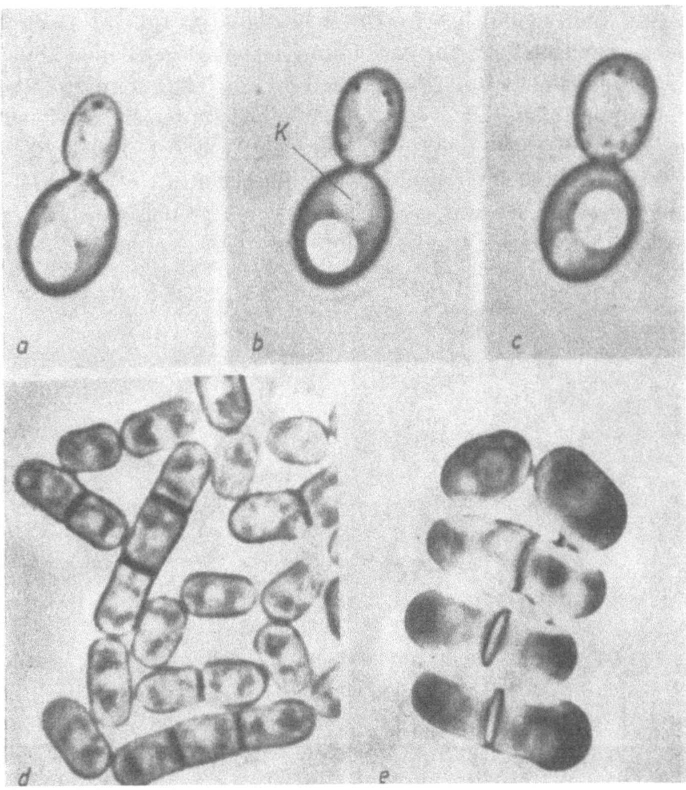

Abb. 2. Sproß- und Spalthefen

Darstellung verschiedener Phasen des Sprossungsvorgangs bei *Saccharomyces cerevisiae* (a—c). Bei (b) ist der Eintritt des Kerns (K) in die Tochterzelle sichtbar. In Teilung begriffene Zellen der Spalthefen *Schizosaccharomyces pombe* (d) und *Schiz. versatilis* (e). Vergrößerungen 2500 : 1 (a—d) bzw. 2250 : 1 (e).

turellen Komponenten von der Mutterzelle sowie im Ergebnis der Mitose einen Kern, der dem der Mutterzelle ebenfalls äquivalent ist. In der Regel hört das Wachstum der Tochterzelle auf, wenn sie die Größe der Mutterzelle erreicht hat. Zu dieser Zeit, manchmal auch schon früher, löst sie sich von der Mutterzelle, wobei an diesen Regionen sogenannte Sproßnarben zurückbleiben (Abb. 3). Eine Mutterzelle kann nacheinander, meist im polaren Bereich, eine größere Anzahl Tochterzellen bilden, an deren Entstehungsort jeweils Sproßnarben verbleiben. Eine jede Tochterzelle wird zu einer Mutterzelle. Kommt es nicht zur Ablösung der Tochterzellen, so entstehen Sproßverbände.

Die Art der Sprossung kann vielfältig sein. Unter bestimmten äußeren Bedingungen kann es neben der Hefeform zur Ausbildung mycelartiger Zellen kommen, indem die Tochterzelle in die Länge wächst. Die letzte fädige Zelle sproßt jeweils eine weitere Zelle aus. Von echtem Mycel unterscheiden sich diese sogenannten Pseudohyphen dadurch, daß nicht wie bei den mycelbildenden Pilzen erst nachträglich eine Querwand eingezogen wird. Eine Vielzahl Pseudohyphen bildet ein Pseudomycel. Daneben, aber auch gleichzeitig kann die Ausbildung von echtem Mycel beobachtet werden.

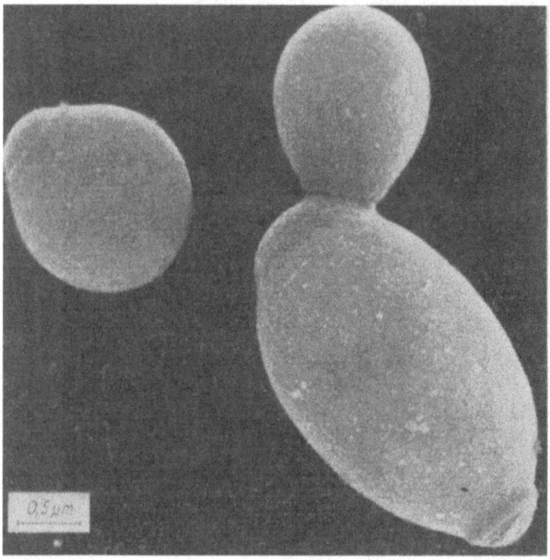

Abb. 3. Sprossende Mutterzelle sowie bereits abgelöste Tochterzelle von *Saccharomyces cerevisiae*. Die polaren Sproßnarben sind deutlich erkennbar. Rasterelektronenmikroskopische Aufnahme. Maßstab: 0,5 μm

Nur wenige andere Vertreter der echten Hefen, so die Arten der Gattung *Schizosaccharomyces*, vermehren sich durch Teilung („Spaltung") im Ergebnis des Einziehens einer Querwand in die zylinderförmige Zelle, weshalb sie als Spalthefen bezeichnet werden.

Die durch Sprossung oder Spaltung entstandenen Einzelzellen sind für experimentelle Untersuchungen gut geeignet, da sie auf einfachen Nährböden leicht und schnell vermehrt werden können und sich mit den gängigen mikrobiologischen Techniken gut in flüssigen oder auf festen Medien handhaben lassen. Dadurch können Methoden der Bakteriengenetik wie die Stempeltechnik und andere weiter unten beschriebene Verfahren Anwendung finden.

Von besonderer Bedeutung sind die bei den ascosporogenen Hefen zu beobachtende sexuelle Reproduktion und die ihr zugrunde liegenden Prozesse. Dabei verschmelzen zwei morphologisch nicht differenzierte Zellen, wodurch es nach Vereinigung beider Kerne zur Bildung einer diploiden Zygote kommt. Die Zellen unterscheiden sich dabei lediglich physiologisch. Der Vorgang der Verschmelzung zweier Zellen wird als Konjugation oder Kopulation bezeichnet.

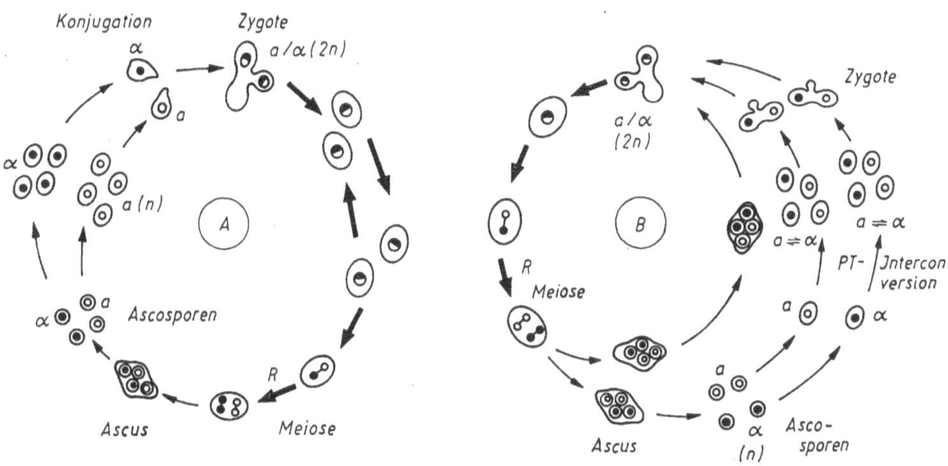

Abb. 4. Lebenszyklen hetero- und homothallischer Hefen
(R — Reduktionsteilung, a und α — Paarungstypen (PT), n — haploide Phase, 2n — diploide Phase)
A — Heterothallische Hefe mit langer Haplophase am Beispiel von *Saccharomyces cerevisiae*.
B — Homothallische Hefe mit kurzer Haplophase am Beispiel von *Saccharomycodes ludwigii*. Die Haplophase beschränkt sich nur auf die Ascosporen, bevor sie bereits im Ascus wieder verschmelzen. (Kleiner Zyklus)
— Am Beispiel von *Saccharomyces cerevisiae* (großer Zyklus) ist der Wechsel im Paarungstyp (Interconversion) dargestellt.

Bei diesem Prozeß tritt eine Besonderheit auf, die der Unterscheidung in die sogenannten hetero- und homothallischen Hefen zugrunde liegt. Während bei den heterothallischen Hefen nur Zellen oder Sporen mit unterschiedlichen, komplementären Paarungstypen, die über lange Zeit stabil bleiben, verschmelzen und eine stabile Haplo- bzw. Diplophase charakterisch ist, liegen bei den homothallischen Hefen etwas kompliziertere Verhältnisse vor (Abb. 4). Bei diesen erfolgt eine Art Selbstdiploidisierung zwischen Mutter- und Tochter- oder Schwesterzellen (und Sporen) im Ergebnis eines häufigen Wechsels

(Interconversion) des Paarungstyps und dem Wirken eines dominanten Homothalliegens (HO). Dadurch kann jede einzelne haploide Zelle beider Paarungstypen zu einer Kolonie führen, die diploide sporulationsfähige Zellen enthält. Diese Verhältnisse, auf die in Kap. 10 noch einmal etwas ausführlicher eingegangen wird, können dazu führen, daß die haploide Phase jeweils sehr kurz ist und sich vielfach nur auf die Sporen beschränkt. In Abhängigkeit von der Dauer der Haplo- oder Diplophase werden drei Typen von Lebenszyklen unterschieden.

Der **haplobiontische Typ** zeichnet sich dadurch aus, daß die haploiden Zellen im Lebenszyklus dominieren. Er ist für *Schizosaccharomyces* charakteristisch. Nach Verschmelzen zweier haploider Zellen entsteht die Zygote, die sich unmittelbar in den Ascus verwandelt, in dem die Meiose abläuft. Durch die Reduktionsteilung wird mit der Bildung von vier haploiden Sporen der haploide Kernstatus wieder hergestellt. Im Ergebnis einer nachfolgenden Mitose können daraus acht Sporen entstehen.

Für den **diplobiontischen Typ** ist im Unterschied dazu charakteristisch, daß sich die Haplophase auf die Ascosporen beschränkt. Diese kopulieren kurz nach ihrer Bildung wechselseitig bereits im Ascus, wodurch der diploide Status wieder hergestellt wird. Das gesamte Sproßmycel dieses Typs, dem *Saccharomycodes ludwigii* zuzuordnen ist, bleibt diploid.

Schließlich wird noch ein **haplo-diplo-biontischer Typ** unterschieden, bei dem das Sproßmycel sowohl aus haploiden als auch diploiden Zellen besteht. Dieser Zustand wird dadurch verursacht, daß einzelne haploide Zellen kopulieren und aus der hieraus hervorgegangenen Zygote diploide Zellen entstehen, die nun in der Population neben den haploiden vorliegen. Diese können durch einen Wachstumsvorteil anteilig erhöht werden. Bei geeigneten Bedingungen setzt die Sporulation ein, in deren Ergebnis eine größere Anzahl haploider Sporen gebildet und freigesetzt wird. Letztere können das Verhältnis von haploiden und diploiden Zellen erneut verändern. Dieser Typ ist für *Saccharomyces cerevisiae* charakteristisch. Unter definierten Bedingungen auf die in Kapitel 10 näher eingegangen wird, kann man bei heterothallischen Stämmen dieser Hefe reine haploide bzw. diploide Kulturen über längere Zeit stabil halten.

Bei der hier im wesentlichen behandelten Hefe *Saccharomyces* geht mit der Veränderung des Kernstatus (n — 2n — n) keine morphologische Differenzierung mit Ausnahme der Zygotenform einher. Haploide und diploide Zellen besitzen eine identische ovale Zellform. Die diploiden Zellen unterscheiden sich morphologisch von den haploiden Zellen lediglich durch ihre Größe. Für die Ordnung Endomycetales, speziell für *Saccharomyces cerevisiae*, ist charakteristisch, daß die Zygote selbst oder aus ihr durch vegetative Vermehrung entstandene, morphologisch nicht differenzierte Einzelzellen unmittelbar zum Ascus werden können. Damit werden sie den Ascomyceten, genauer den *Protoascomycetales* zugeordnet, da sie keine speziellen ascogenen Hyphen bilden wie die *Euascomycetales.*

Eine von *Saccharomyces cerevisiae* abweichende Form der Sporulation tritt bei *Saccharomycopsis lipolytica,* einer in jüngster Zeit aus der Gattung *Candida* wegen ihres perfekten Status ausgegliederten Hefe auf. Hier ist die Ascusbildung zwangsläufig mit einer morphologischen Veränderung verbunden, indem auf dem Sporulationsmedium die Asci durch Sprossung an diploiden Pseudomycel- oder aber an Hefezellen entstehen.

Für das experimentelle Arbeiten mit Hefen ist das Vorhandensein eines stabilen Kernphasenstatus, wie es für die heterothallischen Hefen charakteristisch ist, von außerordentlichem Vorteil. Auf diese Weise können aus Einzelsporen erhaltene, haploide Zellen über längere Zeit kloniert werden, was z. B. für genetische Experimente von großer Bedeutung ist, weil einheitliches Zellmaterial mit einem haploiden Chromosomensatz in praktisch beliebiger Menge bereitgestellt werden kann. Das gleiche gilt für die Vermehrung diploider Klone, die über Generationen stabil erfolgen kann. Im Experiment kann unter Verwendung spezieller Nährmedien eine strenge Kontrolle und Regulation dieser einzelnen Phasen erfolgen. Je nach Notwendigkeit können haploide oder diploide Kulturen angelegt und über einen längeren Zeitraum propagiert werden. Vor der Verwendung derartiger Kulturen nach längerer Lagerung sollte jedoch eine Kontrolle ihres Kernstatus vorgenommen werden, da bei haploiden Kulturen, wie erwähnt, Veränderungen im Paarungstyp vor sich gehen können, während bei diploiden Kulturen bei längerer Lagerung die Sporulation einsetzen kann und damit haploide Zellen auftreten können. Werden derartige Kulturen vor dem Experiment nicht auf ihren Ploidiestatus geprüft, kann es Überraschungen geben, wenn sich eine haploide Kultur plötzlich als diploid erweist bzw. in einer diploiden Kultur infolge Sporulation unerwartet haploide Zellen erscheinen. Die dafür geeigneten Methoden werden nachstehend beschrieben.

In der Natur können Hefen mit unterschiedlichem Ploidiegrad vorkommen. Vielfach sind sie dort als Diploide oder Aneuploide anzutreffen. Produktionshefen von *Saccharomyces cerevisiae* sind häufig polyploid. Letztere sowie Isolate aus der Natur erweisen sich daher als ungeeignet für eine genetische Bearbeitung, wenn man von einigen speziellen Fragestellungen absieht. In diesen Stämmen liegen vielfach genetische Defekte vor, die auf Translokationen, Inversionen, aber auch Aneuploidie zurückzuführen sind, eine hohe Instabilität bedingen und sich nachteilig auf die Sporulation sowie weitere Fertilitätskriterien auswirken. Isogene Stämme, wie sie in der genetischen Grundlagenforschung verwendet werden, lassen sich nur mit großem Aufwand herstellen. Daher werden für genetische Studien in der Welt nur einige wenige definierte

Stämme verwendet, die in international angesehenen Hefelaboratorien im Verlaufe vieler Jahre zielstrebig für diese speziellen Bedürfnisse der Genetik gezüchtet wurden und die eingehend untersucht sind. Ganz anders verhält es sich mit Produktionsstämmen. Die in der Praxis als Bier-, Wein- oder Bäckerhefe oder für die Biomasseproduktion genutzten Stämme wurden nach speziellen Leistungskriterien selektiert und optimiert. Auf Grund der oben erwähnten Nachteile sind sie für eine genetische Bearbeitung kaum geeignet. Umgekehrt verhält es sich mit den Laborstämmen von *Sacch. cerevisiae.*

Die generelle Bevorzugung der Saccharomyceten in vielen molekularbiologischen und genetischen Untersuchungen ist neben den bereits aufgeführten Vorteilen weiterhin darauf zurückzuführen, daß diese Hefen biochemisch, physiologisch und vor allem genetisch bereits sehr gut charakterisiert sind. Hervorzuheben ist in diesem Zusammenhang die Existenz einer bereits recht umfassenden Chromosomenkarte (Abb. 29) bei *Sacch. cerevisiae,* wie sie in dieser Detailliertheit für andere Hefen nicht vorliegt. Ansätze dafür gibt es bisher nur bei *Schizosaccharomyces pombe* sowie einigen Vertretern der Gattungen *Saccharomycopsis, Pichia* und *Hansenula.*

In jüngster Zeit konnten in der heterogenen Gruppe der imperfekten *Candida*-Hefen einige Formen gefunden werden, die zur sexuellen Reproduktion befähigt sind. Diese Hefen, die auf Grund dieser Merkmale u. a. z. B. in die perfekten Gattungen *Pichia* und *Saccharomycopsis* überführt wurden, ermöglichten nunmehr ebenfalls eine genetische Bearbeitung. Dabei konnten sehr viele Erfahrungen und Kenntnisse der *Saccharomyces*-Genetik, insbesondere methodischer Art, übernommen bzw. adaptiert werden. Inzwischen wurden wesentliche Grundlagen der Genetik dieser Hefen geschaffen. Es ist daher gegenwärtig nicht mehr gerechtfertigt, unter Hefegenetik ausschließlich die Genetik der Saccharomyceten zu verstehen, wenngleich diese ihren Hauptanteil ausmacht. Dem soll in dieser Zusammenstellung durch Berücksichtigung von Methoden der Genetik von *Saccharomycopsis lipolytica* Rechnung getragen werden. Der Lebenszyklus dieser heterothallischen Hefe ähnelt in vieler Hinsicht dem von *Saccharomyces cerevisiae.* Der Wechsel von Haplo- und Diplophase, der stabile Zustand dieser Phasen bei Verwendung reiner haploider oder diploider Klone unter konstanten Bedingungen gleicht weitgehend dem anderer heterothallischer Hefen (Abb. 5). Morphologische Unterschiede fallen bei der Ascusbildung, der Sporenform, aber auch bei den Zygoten, d. h. der Art der Kopulation der Zellen, auf. Die Zugehörigkeit von *S. lipolytica* zu den oxidativen Hefen macht sie für physiologische, biochemische und genetische Studien sehr interessant. Da sie nicht die für *Saccharomyces cerevisiae* bekannte Fähigkeit zur Gärung besitzt, ist sie insbesondere für vergleichende Untersuchungen sehr gut geeignet.

Unvergleichlich geringere Kenntnisse als bei den genannten perfekten Hefen gibt es im Hinblick auf die Genetik der umfangreichen und wichtigen Gruppe der *Candida*-Hefen, aus der zahlreiche Vertreter (*C. utilis, tropicalis, boidinii* u. a. m.) von großem industriellen Interesse sind, weil sie sich als Produzenten von Biomasse, Aminosäuren, Zitronensäure und Enzymen eignen. Der imperfekte Status dieser Hefen hat bisher eine eingehende genetische Untersuchung

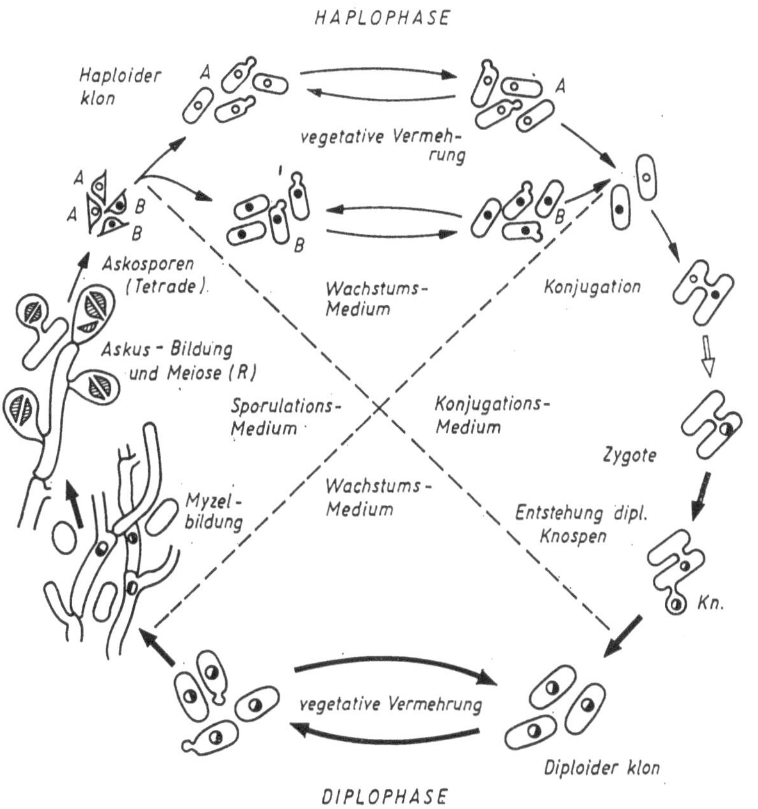

Abb. 5. Lebenszyklus der n-Alkan verwertenden Hefe *Saccharomycopsis lipolytica*. Die Haplophase ist durch dünne, die Diplophase durch dicke Pfeile dargestellt.

und Manipulation erschwert. Erst in letzter Zeit deuten sich auch bei diesen Hefen durch Anwendung von Methoden der somatischen Hybridisierung sowie der mitotischen Rekombination Möglichkeiten dafür an.

Es konnten hier nur einige wenige Aspekte der Biologie ausgewählter Hefen berührt werden. Auf einige Fragen, wie z. B. die der Ernährung, wird in den jeweiligen Kapiteln noch näher eingegangen. In diesen sowie im Anschluß an diese Einführung sind spezielle Veröffentlichungen bzw. zur Zeit verfügbare Handbücher zitiert, die weitergehende Informationen ermöglichen.

Literatur

Barnett, J. A., and R. J. Pankhurst (1979): A new key to the YEASTS. North-Holland/American Elsevier

Burnett, J. A., (1975): Mycogenetics. An Introduction to the general genetics of fungi. John Wiley & Sons, London—New York—Sydney—Toronto

Clowes, R. C., and W. Hayes (1968): Experiments in microbial genetics. Blackwell Sci. Publ., Oxford and Edinburgh

Dickscheidt, R., und A. Janke (1969): Handbuch der mikrobiologischen Laboratoriumstechnik. Verlag Theodor Steinkopf Dresden.

Esser, K., und R. Kuenen (1965): Genetik der Pilze. Springer-Verlag, Berlin—Heidelberg—New York

Guiraud, J., et P. Galzy (1977): Technique d'etude des champignons lévuriformes. Bios. 8, 25—80

Jörgensen, A., und A. Hansen (1956): Mikroorganismen der Gärungsindustrie. Verlag Hans Carl, Nürnberg

Lodder, J., (1970): The yeasts. North-Holland Publ., Comp., Amsterdam—London

Miller, I. H., (1972): Experiments in molecular genetics. Cold Spring Harbor, New York

Odds, F. C., (1979): Candida and Candidosis. Leicester University Press

Phaff, H. J., W. M. Miller and E. M. Mrak (1978): The life of Yeasts. 2. Aufl., Harvard University Press Cambridge, Mass. and London, England

Prescott, D. M., (1975): Methods in Cell Biology. Yeast cells Vol. XI and Vol. XII, Academic Press New York—San Francisco—London

Reiff, F., R. Kautzmann, H. Lüers, M. Lindemann (1960): Die Hefen, Bd. I Die Hefen in der Wissenschaft. Verlag Hans Carl, Nürnberg

Rieger, R., A. Michaelis, M. M. Green (1976): Glossary of genetics and cytogenetics. VEB Gustav Fischer Verlag Jena

Rose, A. H., and J. S. Harrison (1971): The yeasts Vol. I Biology of yeasts, Vol. II physiology and biochemistry of yeasts. Academic Press, London and New York

Schade, W., (1974): Methoden der biologischen Betriebskontrolle in der Gärungsindustrie. Lehrbrief Hochschulfernstudium. Hrsg. vom Ministerium für das Hoch- und Fachschulwesen der DDR

Schröder, H., (1977): Mikrobiologisches Praktikum. Volk und Wissen, Volkseigener Verlag Berlin

Sherman, F., G. R. Fink and C. W. Lawrence (1974): Methods in yeast genetics (Laboratory manual). Cold Spring Harbor, New York

Skinner, F. A., S. Passmore and R. R. Davenport (Hrsg.) (1980): Biology and activities of yeasts. Academic Press, London, New York, Toronto, Sidney, San Francisco.

Zacharov, I. A., S. A. Koshin, T. N. Koshina, I. V. Fedorova (1976): Sbornik metodik po genetike droshshej-Sacharomicetov. Nauka Leningrad

1. Kultivierung von Hefen

1.1. Ernährung

Hefen sind als heterotrophe Organismen auf organisch gebundenen Kohlenstoff angewiesen. In begrenzten Mengen wird auch CO_2 für die Carboxylierung von Intermediaten des Stoffwechsels aufgenommen, was jedoch energetisch kaum von Bedeutung sein dürfte. Als Kohlenstoffquelle werden vor allem verschiedene Zucker genutzt, die durch oxidative Prozesse (Atmung) bzw. fermentative (Gärung) die notwendige Energie sowie Kohlenhydratbausteine für den Betriebs- und Aufbaustoffwechsel liefern. Energetisch, d. h. bezüglich der Assimilationsleistung gibt es zwischen beiden Formen der C-Verwertung erhebliche Unterschiede. Durch die Atmung wird im Vergleich zur Gärung ein wesentlich höherer Energiebetrag pro Mol umgesetzten Zuckers frei. Viele der industriell nutzbaren Bäcker- und Brauereihefen sind fakultativ anaerob, d. h., sie vermögen von der Atmung auf die Gärung umzuschalten. Daneben gibt es obligat oxidative Hefen, die zum fermentativen Zuckerabbau nicht fähig sind. Zu diesen oxidativen Hefen zählen Vertreter der Gattungen *Saccharomycopsis* und *Rhodotorula*, aber auch einige Arten der Gattungen *Candida*, *Pichia* u. a.

Von den Zuckern werden fermentativ vor allem Monosaccharide (bevorzugt Glucose, Fructose, Mannose) und Disaccharide (wie Saccharose und Maltose) verwertet, weniger dagegen Trisaccharide (Raffinose). Oxidativ vermögen die Hefen darüber hinaus noch weitere Zucker als C-Quelle zu nutzen. Sie können aber auch eine große Anzahl anderer Kohlenstoff-Verbindungen veratmen wie Intermediate der Gärung, der Atmung und des Tricarbonsäurezyklus sowie Aminosäuren. Einige Hefen sind in der Lage n-Alkane, Äthanol und Methanol als alleinige C-Quelle zu assimilieren.

Als Stickstoffquelle werden anorganische N-Verbindungen, insbesondere Ammoniumsalze, seltener jedoch Nitrat, sowie verschiedene organische N-Verbindungen wie Amide (Harnstoff, Glutamin und Asparagin) Oligopeptide, Purine und Pyrimidine verwendet.

Neben den Mineralstoffen Phosphor, Kalium und Schwefel benötigen Hefen für ihr Wachstum verschiedene Spurenelemente wie Eisen, Kupfer, Zink, Mangan und Bor sowie Vitamine, insbesondere Thiamin und Biotin, als Wuchsstoffe.

Der Gehalt an C- und N-Verbindungen sowie Spurenelementen und Vitaminen im Medium hat einen erheblichen Einfluß auf den Übergang von der vegetativen auf die reproduktive Phase im Lebenszyklus der Hefen, wobei sie eine induzierende oder reprimierende Funktion spielen können.

Ein wichtiger Faktor bei der Ernährung der Hefen ist der pH-Wert des Nährbodens. Bei der Kultivierung von Hefen ist häufig ein Absinken des pH-Wertes des Mediums zu beobachten. Dies ist in erster Linie auf die Bildung und Ausscheidung organischer Säuren als Intermediate oder Endprodukte der C- und N-Assimilation zurückzuführen. Die Senkung des pH-Wertes hängt stark von der Natur des Mediums ab. So verringert sich der pH-Wert synthetischer Medien stärker als derjenige komplexer Medien, auch wenn erstere gepuffert werden. Der für das Wachstum und die Vermehrung von Hefen günstigste pH-Bereich liegt zwischen 5,5 und 6,0, obwohl erhebliche Abweichungen, vor allem nach unten, vertragen werden. Für eine Vermehrung sollte er jedoch nicht unter pH = 3,0 absinken.

1.2. Nährmedien

Die Zusammensetzung des Nährbodens hat bei den Hefen einen maßgeblichen Einfluß auf den Phänotyp. Dies äußert sich in bestimmten Stoffwechselleistungen sowie bei dem Übergang in die einzelnen Entwicklungsphasen. Derartige Einflüsse sind vielfach bereits morphologisch, z. B. an der Kolonieform, zu erkennen.

Während man bezüglich ihrer Zusammensetzung die Nährmedien in komplexe und synthetische (definierte) Nährböden unterteilt, lassen sie sich im Hinblick auf ihre Anwendung in Standard-, differentielle und Selektivmedien unterscheiden.

Komplexe Medien enthalten undefinierte organische Naturstoffe (wie Pepton, Hefeautolysat oder -extrakt, Bierwürze, Frucht- oder Gemüsesäfte u. a. Auszüge pflanzlicher oder tierischer Herkunft) als C- und N-Quelle. Sie werden für die vegetative und generative Vermehrung, einschließlich der Sporulation, aber auch für die Stammhaltung verwendet. Sehr verbreitet sind Malzextrakt- (Bierwürze) oder Hefeextrakt-Pepton-Glucose-Medien. In diesen Nährböden sind auch die für das Wachstum verschiedener Mutanten erforderlichen Komponenten wie Vitamine, Aminosäuren, Purine usw. enthalten. Für die generative Vermehrung setzt man Konjugationsmedien ein, um das die Einleitung der Kopulation fördernde intensive Wachstum zu ermöglichen. Sporulationsmedien enthalten eine reduzierte C-Quelle, jedoch ausreichend Stickstoff sowie Vitamine und Spurenelemente. Neben komplexen Substraten (Frucht- oder Gemüsesäften) kommen auch definierte Medien (CSM- oder Acetatmedium) für die Sporulation zum Einsatz.

Synthetische Nährmedien enthalten genau bekannte C- und N-Quellen sowie essentielle Komponenten wie Wuchsstoffe, Aminosäuren usw. in definierten Mengen. Hierher gehören auch die Minimalmedien, die minimalen Nährstoffansprüchen eines Stammes entsprechen und bei denen einzelne essentielle Komponenten fehlen bzw. bei Bedarf zugesetzt werden können. Sie finden Anwendung bei genetischen und physiologischen Untersuchungen (Mutantencharakterisierung, Komplementations- und Prototrophietest, C- und N-Verwertung).

Standardmedien sind Nährböden, die infolge ihres Gehaltes an komplexen organischen Verbindungen ein intensives Wachstum aller Hefestämme ermöglichen. Differentielle Medien werden in erster Linie für die Gewinnung von Reinkulturen, z. B. bei Pilz- und Bakterienkontaminationen, verwendet. Selektivmedien erlauben infolge des unterschiedlichen Gehaltes an C- und N-Quellen, Vitaminen oder Aminosäuren nur ein Wachstum ausgewählter Stämme.

Eine genaue Zusammensetzung der für die Anwendung der hier beschriebenen Methoden erforderlichen Medien ist der Anlage zu entnehmen.

1.3. *Kulturbedingungen*

Der günstigste Temperaturbereich für die vegetative Vermehrung der meisten im Labor verwendeten Hefen liegt zwischen 25 und 30 °C. In der Regel werden Hefen bei einer Standardtemperatur von 28 °C kultiviert. Die Temperaturen für die Sporulation können davon abweichen. Da Hefen für das Wachstum den sauren pH-Bereich bevorzugen, sind die Nährmedien auf einen pH-Wert von 5,5—6,0 einzustellen. Man sollte Hefen grundsätzlich im Dunkeln inkubieren. Je nach dem Anliegen werden sie auf festem Agarnährboden oder in flüssigen Medien kultiviert.

Verwendung fester Medien

Die mit 2% Agar verfestigten Medien finden entweder für die Herstellung von Schrägagarröhrchen (je 5—7 ml) oder für Platten (Petrischalen) mit jeweils etwa 20 ml Inhalt Verwendung.

Für genetische Arbeiten, sowie für andere Untersuchungen, bei denen Einzelkolonien auf den Platten erforderlich sind, müssen die Petrischalen vorher 1—2 Stunden mit nach unten gekehrter Öffnung im Brutschrank getrocknet werden, da das nach dem Gießen entstandene Kondenswasser zu Verschmierungen der Kolonien führt. Dazu werden die Schalen schräg auf die Kante der mit der Öffnung nach unten gelegten Deckel gestellt. Bei Zeitmangel kann man den feuchten Deckel durch einen sterilen ersetzen. Die Kondenswasserbildung kann verringert werden, wenn vor dem Plattengießen der Agar auf 50—60°C abgekühlt wird. Wenn die Platten erst einige Stunden später benötigt werden, genügt es, wenn diese nach dem Erstarren des Agars umgekehrt gelagert werden. Das gilt generell auch nach dem Bebrüten der beimpften Agarplatten im Brutschrank. Es sollten jedoch in der Regel keine Platten verwendet werden, die älter als 2—3 Tage sind, da die Infektionsgefahr zunimmt und die Platten austrocknen. In zugeschweißten PVC-Beuteln können Agarplatten allerdings länger (einige Wochen) im Kühlraum aufbewahrt werden.

Verwendung von Submerskulturen

Zur Bereitstellung weitgehend homogenen Ausgangsmaterials sowie für spezielle Untersuchungen (Substratverwertung, Wachstum, Produktbildung usw.) werden Submerskulturen verwendet. Hierfür eignen sich die gleichen Medien ohne Agarzusatz. Die Anzucht kann in verschiedenen Kulturgefäßen

Abb. 6. Elektronische Schüttelmaschine Thys-2 mit speziellem Aufsatz für 35 Steilbrustflaschen zur Submers-Kultivierung von Hefen. Die Schüttelfrequenz ist stufenlos regelbar.

erfolgen. Für Standkulturen werden am besten Gefäße verwendet, die eine größere Oberfläche gewährleisten, z. B. Stehkolben. Für Schüttelkulturen haben sich 50 ml Nährboden- oder Steilbrustflaschen, die mit 10 ml Nährmedium gefüllt werden, bewährt. Dieses Volumen ermöglicht beim Schütteln eine ausreichende Versorgung der Kultur mit Sauerstoff. Das Schütteln kann auf einer beliebigen Apparatur erfolgen. Vorteilhaft hat sich die elektronische Schüttelmaschine Thys 2 (VEB MLW Labortechnik Ilmenau) erwiesen, auf der bis zu 35 Steilbrustflaschen auf einem kommerziell leider noch nicht erhältlichen Aufsatz untergebracht werden können (Abb. 6). Der Reziprokschüttler hat sich im Dauerversuch als sehr zuverlässig erwiesen.

Für alle Experimente sollten Vorkulturen verwendet werden, die nicht älter als 16—20 h sind und von frischen (1—2 Tagen alten) Schrägröhrchen oder aus einer flüssigen Vorkultur beimpft worden sind. Auf diese Weise wird ein homogenes, in der expontiellen Phase befindliches Ausgangsmaterial gewährleistet. Es hat sich als ausreichend erwiesen, eine Menge von 10 ml mit einer Öse Impfmaterial von einem Schrägagarröhrchen zu beimpfen. In der Regel erreicht man dabei über Nacht eine Zellzahl von etwa 10^8 Zellen/ml.

Bei Bedarf können größere Mengen an Zellmaterial in 500 ml Rund- oder Steh- oder Erlenmeyerkolben mit 100—150 ml Inhalt auf einem Rotations-Schütteltisch erhalten werden.

Literatur

Beech, F. W., and R. R. Davenport (1971): Isolation, purification and maintenance of yeasts. Methods in Microbiology, vol. **4**, S. 153.

Lodder, J., (1970): The yeasts North-Holland Publ. Comp., Amsterdam, London.

Reift, F., R. Kautzmann, H. Lüers, M. Lindemann (1960): Die Hefen, Bd. I Die Hefen in der Wissenschaft. Verlag Hans Carl Nürnberg

Rose, A. H., and J. S. Harrison (1971): The Yeasts vol. **2.** Physiology and biochemistry of yeasts. Academic Press. London and New York.

Sherman, F., G. R. Fink and C. W. Lawrence (1974): Methods in yeast genetics (Laboratory manuel) Cold Spring Harbor, New York.

2. Bestimmung der Zellzahl

Die Vermehrung der Sproß- und Spalthefen führt zur Vergrößerung der Population, die sich mit verschiedenen Verfahren quantitativ erfassen läßt. Neben den indirekten Methoden wie der gravimetrischen Methode (Bestimmung des Feucht- oder Trockengewichts) und der photometrischen Bestimmung der Zellmasse (Trübung, Streuung) ist vor allem bei genetischen Arbeiten die direkte mikroskopische Erfassung der Zellen sehr verbreitet. Da bei diesen Untersuchungen weniger die Bestimmung der Zellmasse von Interesse ist, sondern vielmehr die Erfassung vermehrungsfähiger, d. h. zur Koloniebildung befähigter Zellen im Vordergrund steht, genügt deren Bestimmung mit Hilfe einer Zählkammer. Die in der Bakteriengenetik verbreiteten elektronischen oder photometrischen Verfahren zur Keimzahlbestimmung führen bei Hefen infolge der Ausbildung von Sproßverbänden, der morphologischen Variabilität, insbesondere der Pseudomycelbildung, sowie der häufigen Verklumpung von Zellen zu erheblichen Fehlern. Zur Lösung zahlreicher Fragen ist die Kenntnis der Wachstumskinetik erforderlich, was die Aufstellung von Wachstumskurven voraussetzt. Unter Berücksichtigung der erwähnten Fehlermöglichkeiten und Einhaltung konstanter Bedingungen (Stamm, Medium und sonstige Wachstumsbedingungen), ist vor allem bei den Saccharomyceten die Anwendung der Trübungsmessung zur Bestimmung des Wachstumsverlaufs möglich und erlaubt unter Verwendung einer Eichkurve sehr schnell die Zelldichte zu bestimmen. Da der Umfang des Buches eine Beschreibung dieser Methoden nicht erlaubt, verweisen wir auf die diesbezügliche Literatur.

Bevor wir zur direkten Zählung übergehen, machen wir uns mit einigen Techniken vertraut, deren Kenntnis Voraussetzung für ein quantitatives Arbeiten mit Zellen ist und die Genauigkeit der Zellzahlbestimmung beeinflußt.

2.1. *Herstellung homogener Hefesuspensionen*

Hefen neigen, infolge der verbreiteten Tendenz zur Agglutination, zur Klumpenbildung. Die Zusammenballung selbst weniger Zellen erschwert die quantitative mikrobiologische Auswertung von Präparaten, ihre cytologische Analyse, vor allem aber die Keimzahlbestimmung. In Abhängigkeit davon, ob eine Lebendbeobachtung erforderlich ist oder nur eine Zellzahlbestimmung vorgenommen werden soll, kann die eine oder andere der folgenden Methoden zur Homogenisierung der Suspensionen angewendet werden. Bei stark zur Agglutination neigenden Stämmen ist die Gewinnung homogener Suspensionen nur bedingt möglich.

Einwirkung von Schneckenenzym

Die Herstellung und Anwendung von Schneckenenzym wird in Kap. 8 näher erläutert. Für die Vereinzelung der Hefezellen wird eine Probe der zu analysierenden Hefesuspension abzentrifugiert, das Sediment in einer Enzymlösung aufgenommen (10 mg Schneckenenzym/ml 1 : 1 verdünnt oder Glusulase 1 : 20 verdünnt) und darin bei 28 °C inkubiert, bis eine Auflockerung der Klumpen eintritt. Nach Abzentrifugieren und Waschen können die Hefen verwendet werden.

Damit die angedauten Zellen (Sphäroplasten) nicht lysieren, wird der Enzymlösung ein osmotischer Stabilisator (z. B. 1,4 M Sorbit) zugesetzt. Die Zellen sind in dieser osmotisch stabilisierten Lösung zu mikroskopieren. Die Stabilisierung kann entfallen, wenn die Zellen vor der Enzymbehandlung in einer Lösung, die 0,15 M NaCl und 37% Formaldehyd enthält, kurz fixiert werden, d. h. wenn keine Lebendbeobachtung erfolgen soll.

Zusatz von Schwefelsäure

Im Zentrifugenglas wird zu 3 ml Hefesuspension 1 ml verdünnte (1%ige) Schwefelsäure pipettiert. Nach gründlichem Verrühren kann nach kurzer Wartezeit diese Suspension für die Zellzahlbestimmung verwendet werden. In diesem Fall ist die dabei entstandene Verdünnung zu berücksichtigen. Deshalb ist stets eine definierte Menge der Säure sowie der Suspension zu verwenden.

2.2. *Herstellung von Verdünnungsreihen*

Bei der Anzucht von Hefen werden in der Regel dichte Suspensionen erzielt, die 10^6 bis 10^8 Zellen/ml enthalten. Zur Keimzahlbestimmung sowie zur reproduzierbaren Herstellung von Platten mit einer definierten, nur geringfügig voneinander abweichenden Anzahl an Einzelkolonien muß man derartige Suspensionen erheblich verdünnen. Eine dementsprechende Verringerung der Zellzahl wird am besten über die Herstellung von Verdünnungsreihen, d. h. Dezimal- oder Hunderterverdünnungsreihen erreicht. Die Dezimalverdünnung (10^{-1}) wird durch steriles Übertragen von 0,1 ml der Ausgangssuspension in 0,9 ml Puffer oder Wasser vorgenommen. Nach gutem Durchmischen kann diese Reihe beliebig fortgesetzt werden, indem jedesmal 0,1 ml der vorangehenden Verdünnung mit 0,9 ml weiter verdünnt werden Bei stärkeren Verdünnungen ist es zweckmäßiger, eine Hunderterreihe (10^{-2}) anzuwenden, bei der jeweils 0,1 ml der Ausgangssuspension in 9,9 ml Wasser überführt werden. Standardverdünnungen werden demnach wie folgt erreicht:

$$10^{-1} = \frac{0,1}{0,9} \qquad 10^{-6} = \frac{0,1}{9,9} \times \frac{0,1}{9,9} \times \frac{0,1}{9,9}$$

$$10^{-2} = \frac{0,1}{9,9} \qquad 10^{-7} = \frac{0,1}{9,9} \times \frac{0,1}{9,9} \times \frac{0,1}{9,9} \times \frac{0,1}{0,9}$$

$$10^{-3} = \frac{0,1}{9,9} \times \frac{0,1}{0,9} \qquad 10^{-8} = \frac{0,1}{9,9} \times \frac{0,1}{9,9} \times \frac{0,1}{9,9} \times \frac{0,1}{9,9}$$

$$10^{-4} = \frac{0,1}{9,9} \times \frac{0,1}{9,9} \qquad 10^{-9} = \frac{0,1}{9,9} \times \frac{0,1}{9,9} \times \frac{0,1}{9,9} \times \frac{0,1}{9,9} \times \frac{0,1}{0,9}$$

$$10^{-5} = \frac{0,1}{9,9} \times \frac{0,1}{9,9} \times \frac{0,1}{0,9}$$

Entsprechende Verdünnungsreihen verwendet man, um hohe Konzentrationen, z. B. 10^8 Zellen/ml zu verdünnen. So gelangt man durch eine 10^{-6} Verdünnung einer Kultur, die ursprünglich 2×10^8 Zellen enthielt zu einer Suspension, die 2×10^2 Zellen/ml, also 200 Zellen/ml enthält. Eine 10^{-6} Verdünnung erzielt man günstigerweise durch mehrere 10^{-2} Verdünnungen: $10^{-2} \times 10^{-2} \times 10^{-2} = 10^{-6}$. Zur Einstellung einer definierten Keimzahl mit Hilfe einer Verdünnungsreihe muß man die Zellzahl der Ausgangssuspension kennen. Dieser wird durch direktes Auszählen der Zellen mit Hilfe einer Zählkammer ermittelt (s. Seite 32).

2.3. *Zellzahlbestimmung mit Hilfe der* Thoma-*Zählkammer*

Diese Methode der Zellzahlbestimmung erlaubt ein Arbeiten in einem niedrigen Konzentrationsbereich und erfordert nur geringe Volumina an Hefesuspension. Neben der Thoma-Zählkammer wird vielfach die Neubauer- oder Bürger-Kammer verwendet. Die Kammerzählung wird trotz einigen manuellen Aufwandes in vielen mikrobiologischen Laboratorien routinemäßig eingesetzt und anderen Methoden vorgezogen. Es ist dabei allerdings zu berücksichtigen, daß dieses Verfahren keine Differenzierung zwischen toten und lebenden Zellen erlaubt — wie allerdings einige andere Methoden ebenfalls nicht. Somit wird stets die Gesamtzahl der vorhandenen Zellen erfaßt. In vielen Fällen, insbesondere bei der Verwendung von Proben aus der exponentiellen Wachstumsphase, kann die geringe Zahl toter Zellen in der Suspension vernachlässigt werden.

Bei Sproßhefen ist zu berücksichtigen, daß eine Population stets Zellen unterschiedlicher Entwicklungsphasen enthält. Da die Tochterzellen unterschiedlich weit entwickelt sein können, sollte man sich in einem Labor darüber einigen, bis zu welcher Phase der Sprossung eine Hefezelle noch als einzelne Zelle gilt, bzw. bei welcher morphologischen Gestalt Mutter- und Tochterzelle differenziert gezählt werden sollen. In der Regel wird eine Tochterzelle erst als eine selbständige Einheit erfaßt, wenn sie mindestens halb so groß wie die Mutterzelle ist (Abb. 2b). Weiterhin sind alle Zellen mit zu zählen, die sich auf zwei inneren Begrenzungslinien eines großen Quadrates der Kammer, die ein „L" bilden, befinden. Günstig für das Auszählen sind Zelldichten, bei denen ein Großquadrat nicht viel mehr als 20 Zellen enthält. Bei hohen Ansprüchen sollte man 6—8 frisch gefüllte Kammern auszählen. Die Zuverlässigkeit des Mittelwertes bewegt sich dann um 4%.

Es ist stets zügig zu arbeiten, um ein Absetzen der Zellen zu verhindern. Sollten die Hefen stark verklumpt sein, ist es vorteilhaft, der Hefeprobe vor dem Auszählen etwas verdünnte Schwefelsäure zuzusetzen (s. S. 29). Diese Verdünnung muß bei der Berechnung der Zellzahl berücksichtigt werden (Faktor 4/3).

Die Kammer enthält 16 große Quadrate, die sich jeweils aus 16 kleinen Quadraten zusammensetzen:

Maße der Kammer:

Tiefe: 1/10 mm
Fläche eines kleinen Quadrates: $1/20 \times 1/20 = 1/400\ mm^2$
Volumen über einem kleinen Quadrat: $1/10 \times 1/400 = 1/4000\ mm^3$
Volumen über einem großen Quadrat: $16 \times 1/4000 = 1/250\ mm^3$

Material:

THOMA-Zählkammer mit geschliffenem Deckglas, Mikroskop, Pipetten 10 ml, 1 ml, Reagenzgläser, verdünnte Schwefelsäure (1 ml konzentrierte Säure auf 99 ml Wasser).

Arbeitsablauf:

Zunächst wird eine Verdünnungsreihe hergestellt, um den für das Auszählen günstigsten Konzentrationsbereich zu ermitteln. Dazu wird die Kammer nacheinander mit einer Probe aus jeder Verdünnung (gründlich schütteln) gefüllt.

Wenn die Zellzahl pro Großquadrat erheblich größer als 20 ist, wird die nächst höhere Verdünnungsstufe gewählt.

Die Auszählung erfolgt folgendermaßen:

Das saubere, geschliffene Deckglas wird mit beiden Daumen unter sanftem Druck über die angefeuchteten Auflagen geschoben, bis regenbogenfarbige Streifen (NEWTONsche Ringe) auftreten. Zu diesem Zeitpunkt muß das Deckglas fest sitzen und stellt die obere

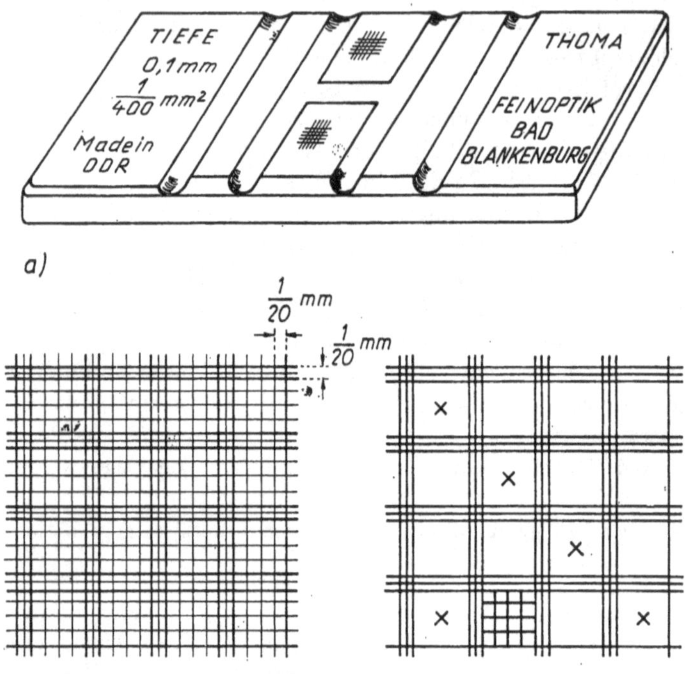

Abb. 7. Zählkammer nach THOMA

(a) — Gesamtdarstellung einer Kammer mit zwei Zählbereichen

(b) — Zählbereich mit 16 Großquadraten

(c) — Die mit x gekennzeichneten fünf Großquadrate werden ausgezählt.

Begrenzung der Kammer dar. Diese Bedingung muß erfüllt sein, weil damit ein konstantes Volumen der Kammer gewährleistet wird. Sitzt das Deckglas nicht fest auf, wird das Volumen der Kammer vergrößert und die berechneten Werte sind zu hoch. Ebenso verändern Luftblasen das Volumen, daher sind sie unbedingt zu vermeiden. Nunmehr wird die Kammer auf das Mikroskop gelegt und im Trockensystem (Phasenkontrast 40 ×) die Zahl der Zellen in jeweils 5 Großquadraten in der Diagonale von links oben nach rechts unten sowie das linke unterste Quadrat — also insgesamt in fünf Großquadraten — ausgezählt (Abb. 7).

Berechnung

Hat man die Anzahl (T) der Hefezellen in 5 Großquadraten und damit 5×16 (= 80) Kleinquadraten (n) ausgezählt, wird die Anzahl (N) der Zellen in 1 ml nach folgender Formel bestimmt:

$$N = \frac{T \times 4000}{n} \times 10^3 = \frac{T \times 4000}{80} = \underline{T \times 5 \times 10^4 \text{ Zellen/ml}}$$

Ausgangsverdünnungen sind stets zu berücksichtigen.

Literatur

BEECH, F. W., and R. R. DAVENPORT (1971): Isolation, purification and maintenance of yeasts, in: Methods in Microbiology Vol. **4**, 153—182; Academic Press London and New York.

BERGTER, F., (1972): Wachstum von Mikroorganismen. Experimente und Modelle. VEB G. Fischer Verlag, Jena.

GÜNTHER, H. H., und F. BERGTER (1971): Bestimmung der Trockenmasse von Zellsuspensionen durch Extinktionsmessungen. Zeitschr. Allg. Mikrobiol. **11**, 191—197.

HARTWELL, L. H., R. K. MORTIMER, J. CULOTTI and M. CULOTTI (1973): Genetic control of the cell division cycle in yeast. Genetics, **74**, 267—286.

JANKE, A., (1964): Arbeitsmethoden der Mikrobiologie Bd. I. Th. Steinkopf Verlag, Dresden und Leipzig 1946.

SCHRÖDER, H., (1977): Mikrobiologisches Praktikum, 2. Auflage. Volk und Wissen Volkseigener Verlag Berlin.

3. Hefereinzucht

In der Mikrobengenetik werden ebenso wie in der Mikrobiologie in der Regel nicht einzelne Zellen, Individuen, untersucht, sondern es werden stets sogenannte Kulturen, d. h. eine Vielzahl von Individuen einer Species verwendet. Das trifft auch für die Hefen zu. Ist die Kultur einer bestimmten Hefeart nicht durch andere Arten von Hefen oder andere Pilze bzw. Bakterien verunreinigt, dann spricht man von einer Reinkultur. Reinkulturen sind erforderlich für die Erzielung vergleichbarer und eindeutiger Ergebnisse bei der Untersuchung bestimmter Eigenschaften von Hefen sowie für eine gleichbleibende Produktion und die Sicherung der Reinheit eines mit Hefen erzielten Produktes. Beim Anlegen einer Reinkultur wird jeweils nur von einer einzigen Zelle ausgegangen. Somit haben wir es bei einer Reinkultur mit einem Klon zu tun.

Welche Beziehung besteht zwischen Klon und Stamm? Unter einem Stamm versteht man einerseits eine „klonierte" Kultur; das Besondere eines Stammes besteht jedoch darin, daß die vererbbare relative Gleichartigkeit und charakteristischen Besonderheiten dieser Kultur durch Selektion nach spezifischen Merkmalen gesichert werden. Die Bedingungen der Kultur üben einen Selektionsdruck aus, indem durch spezifische Nährstoffzusammensetzung und Kulturbedingungen eine Selektion in einer bestimmten Richtung erfolgt. Auf diese Weise können sich Laborkulturen sehr bald von frisch isolierten Klonen unterscheiden.

Reinkulturen werden in der Regel mittels Überimpfen einer großen Anzahl von Zellen auf frische Nährböden weiter vermehrt. Von Zeit zu Zeit müssen sie unbedingt auf ihre Identität mit den für sie typischen Merkmalen und Leistungen kontrolliert werden.

3.1. Herstellung von Reinkulturen

Das Prinzip der Reinzüchtung besteht darin, daß jeweils nur von einer einzigen Zelle ausgegangen wird. Da Hefen häufig mit Bakterien relativ fest zusammenhaften bzw. untereinander stark verklumpen können, muß für die

Isolierung einzelner Zellen sehr viel Sorgfalt verwandt werden. In der Bakteriologie sowie in der mikrobiologischen Routine allgemein können durch mehrfaches Ausstreichen einer vollen Impföse auf einer festen Agaroberfläche durch die dabei erfolgende Verteilung der Keime Einzelkolonien erhalten werden. Dieses fraktionierte Ausstrich-Verfahren genügt allerdings nicht den für die Herstellung definierter Reinkulturen zugrunde liegenden Anforderungen. Generell werden für die Herstellung von Reinkulturen folgende Methoden angewandt:

1. Plattenmethode
2. Einzell-Methode
3. Differenzielle bzw. Selektivmedien

Das Anliegen der beiden ersten Methoden besteht darin, Kolonien zu erhalten, die aus einer einzigen Hefezelle entstanden sind. Die Einzell-Methode ist in jedem Fall sicherer als die Plattenmethode, jedoch auch aufwendiger.

3.1.1. Plattenmethode

Diese Form der Reinzucht geht auf Robert Koch zurück und beruht auf einer durch Verdünnung beliebig zu gestaltenden Vereinzelung der Hefezellen im festen Substrat. Dabei sind Verdünnungen der Ausgangssuspension anzustreben, die zu einer Verteilung der Zellen führen, bei der die entstehenden Kolonien in einem ausreichenden Abstand voneinander liegen und sicher abgeimpft werden können. Günstig sind Platten, die nicht mehr als 200 bis 250 Kolonien enthalten. Die Unsicherheit der Plattenmethode liegt darin begründet, daß bei aller Sorgfalt der Herstellung homogener verdünnter Suspensionen nicht selten mindestens zwei Hefezellen aneinander haften. So können 8–10% der Hefekolonien auf einer Platte von mehr als nur einer Hefezelle herrühren. Ungeachtet dieses Mangels werden einige Varianten dieser Methode mit beschrieben, weil sie dem klassischen Reinzuchtverfahren zugrunde liegen und manchen Ansprüchen genügen.

Arbeitsablauf

Herstellung von Verdünnungen

Die Anwendung der Plattenmethode setzt die Herstellung geeigneter Verdünnungen voraus. Bei einiger Erfahrung wird man einschätzen können, wie hoch man die Verdünnung ansetzen muß. Zweckmäßigerweise wählt man 2–3 Stufen aus, um auf die gewünschte Größenordnung zu kommen. Bei geringerer Erfahrung wird die Zellzahl der Ausgangssuspensionen mit Hilfe der Thoma-Zählkammer ermittelt und entsprechend verdünnt.

Herstellung von Gußplatten

a) In einer Reihe von Petrischalen, in die jeweils 0,1 ml einer Suspension aus einer Verdünnungsreihe pipettiert wurde, werden 20 ml eines aufgeschmolzenen und auf 42—45 °C abgekühlten mit Agar verfestigten Nährbodens gegossen. Durch Schwenken wird das Substrat gut mit der Hefesuspension vermischt. Nach dem Erstarren werden die Platten mit dem Boden nach oben in den Brutschrank gestellt. Nach 48—72 h können die entstandenen Einzelkolonien ausgezählt, morphologisch analysiert und abgeimpft werden.

b) Eine andere Variante des unter a) beschriebenen Verfahrens besteht darin, daß die Proben der Verdünnungsreihe (0,1—0,2 ml) nicht mit dem temperierten Agar vermischt werden, sondern auf den bereits erstarrten Nährboden aufgetropft und mit Hilfe des Drigalski-Spatels gleichmäßig verteilt werden. Nach kurzem Antrocknen werden die Platten in den Brutschrank gestellt und nach 48—72 h ausgewertet. Diese Variante sollte vor allem bei oxidativen Hefen verwendet werden.

c) Ein weiteres modifiziertes Verfahren besteht in der Verdünnung über eine Reihe von Reagenzgläsern mit temperiertem Agar (45—50 °C). Hierzu wird eine Probe (Öse) Impfmaterial in das erste Reagenzglas gebracht und durch Rollen gut durchmischt. Mit Hilfe einer Öse wird hieraus eine Probe entnommen und in das nächste Röhrchen übertragen, aus diesem 3 und danach 6 Ösen in die jeweils folgenden Röhrchen überführt. Die im Wasserbad befindlichen Reagenzgläser sind vorher stets gut zu durchmischen. Der Agar darf sich dabei nicht verfestigen. Nach Abschluß dieser Verdünnung wird der noch flüssige Agar mit den darin enthaltenen Hefen in Petrischalen gegossen und diese wie bei a) weiterbehandelt.

3.1.2. Einzell-Methoden

Der Vorteil dieser Methoden gegenüber dem Plattengußverfahren besteht darin, daß die bei der Verdünnung erhaltenen Einzelzellen oder Proben mikroskopisch analysiert werden und nur Zellen oder Proben für die weitere Kultivierung verwendet werden, bei denen eine zweite Hefezelle oder eine Kontamination durch Bakterien mit Sicherheit ausgeschlossen werden kann. Da bei Anwendung dieser Methode jedoch damit zu rechnen ist, daß nicht alle isolierten Einzelzellen gleich gut anwachsen, sollte eine größere Zahl an Zellen isoliert werden.

Gußverfahren nach Hansen

Günstig ist die Verwendung markierter, d. h. in markierte Felder eingeteilter, Objektträger. Eine ausreichend verdünnte Hefesuspension wird in Agar bzw. Gelatine gut vermischt und davon ein Objektträgerfilm gegossen. Nach Erstarren des Nährbodens wird unter keimarmen Bedingungen die Verteilung der Hefen im Film mikroskopisch analysiert. Eindeutig als einzelne Zellen vorliegende Hefen werden farbig von unten markiert, bzw. entsprechenden Quadraten des netzartig eingeteilten Objektträgers zugeordnet. Nach Inkubation werden nur die an den markierten Stellen gebildeten Kolonien abgeimpft.

Methode nach LINDNER

Eine Verdünnung von Hefezellen in Bierwürze, YEP-G oder Malzwasser, die nicht mehr als 1000 Zellen/ml enthält wird aseptisch in kleinen Tropfen mittels einer Zeichenfeder in einem Abstand von ca. 5 mm auf Objektträger gebracht. Die hängenden Tropfen werden in einer feuchten Kammer unter dem Mikroskop bei etwa 450facher Vergrößerung auf die Anzahl der darin befindlichen Hefezellen sorgfältig durchgemustert. Die Tropfen mit jeweils nur einer Hefezelle werden mit der Spitze eines Faserschreibers oder mit Tusche markiert. Mit Hilfe feiner steriler Filterpapierstreifen saugt man die ausgewählten Tropfen auf und bringt sie in flüssiges Nährsubstrat. Man kann diese Tropfen aber auch mit einer Öse, die erstarrtes festes Substrat enthält, aufnehmen und auf diese Weise in das Substrat überführen. Nach dem Anwachsen der Kultur kann diese geprüft und als Reinkultur verwendet werden.

Einzell-Isolierung mittels Mikromanipulator

Auf einem dünnen Objektträger mit einem Nähragarfilm wird eine Hefesuspension in Form eines Striches aufgetragen. In der feuchten Kammer werden nun mit Hilfe spezieller Glasgeräte (Nadeln, Haken oder Pipetten), möglichst vereinzelt liegende Zellen in einen geeigneten Abstand (5—10 mm) vom Impfstrich gebracht, dort abgesetzt und mittels Tusche oder Faserschreiber markiert. Der Teil des Films mit den isolierten Zellen wird aseptisch abgeschnitten, auf Nähragar in eine Petrischale übertragen und inkubiert. Nach einer Inkubationszeit von 1—2 Tagen, wenn sich deutliche Mikrokolonien gebildet haben, werden diese manuell abgeimpft. Diese Kulturen sind für die Reinzucht nach nochmaliger Prüfung geeignet. Einzelheiten der Methode sind in Kap. 6 beschrieben.

3.1.3. Anwendung von Selektivmedien

Diese Verfahren stellen im eigentlichen Sinne Anreicherungsverfahren dar. Sie werden angewendet, wenn Hefekulturen insbesondere durch Bakterien stark verunreinigt sind. Dabei nutzt man die unterschiedliche Verträglichkeit von Hefen und Bakterien gegenüber dem pH-Wert des Mediums bw. die Empfindlichkeit gegenüber Antibiotika.

Verwendung von Antibiotika

Zur Reinigung bakteriell verunreinigter Hefekulturen lassen sich antibakterielle Antibiotika einzeln oder kombiniert erfolgreich einsetzen. Ihre Verwendung ist vor allem dann angezeigt, wenn diese Reinigung über wenige Stufen vorgenommen werden soll und kurzfristig erfolgen muß. Als sehr effektiv hat sich der Einsatz von Streptomycin und Penicillin, aber auch von Tetracyclinen erwiesen.

Arbeitsablauf:

Einwiegen von 80 mg Streptomycin und Penicillin und Lösen der Antibiotika in jeweils 100 ml aqua dest., filtrieren über ein Bakterienfilter. Entnahme von 1 ml der Streptomycinlösung und 2 ml der Penicillinlösung und Zusetzen zu 80 ml verflüssigtem, leicht abgekühltem Agarnährboden. Nach dem Durchmischen werden davon vier Platten gegossen. Die zugesetzte Antibiotikamenge entspricht etwa 100 bzw. 200 IE/ml Streptomycin bzw. Penicillin. Die Antibiotika können auch direkt vor dem Gießen der Agarplatten in die Petrischalen pipettiert werden (d. h. 0,25 ml Streptomycin- bzw. 0,5 ml Penicillinlösung pro Platte). In diesem Falle werden die Antibiotika in dem noch flüssigen Agar durch leicht schwenkende Bewegungen gleichmäßig verteilt. Nach dem Erstarren und Trocknen des Agars können die Platten mit den Hefen beimpft werden. Bei Submerskulturen wird entsprechend verfahren.

Verwendung saurer Medien

Da die meisten Hefen einen pH-Wert von 2,5 gut überstehen und gegenüber mineralischen Säuren weniger empfindlich sind als Bakterien, werden zur Anreicherung von Hefen dem Nährmedium verschiedene Säuren zugesetzt. Die häufigste Anwendung findet dabei Schwefelsäure. Während Bakterien in kurzer Zeit abgetötet werden, erfolgt bei Hefen noch eine Vermehrung bei folgenden Konzentrationen:

H_2SO_4 – 0,04%, HNO_3 – 0,03–0,06%, HCl – 0,02%.

Anwendung von Monoperschwefelsäure oder RAULINscher Lösung

Bakterien in Hefesuspensionen können durch Verwendung von Monoperschwefelsäure oder deren wasserlöslicher Salze selektiv abgetötet werden. Diese selektive Wirkung erfolgt in dem für Hefen verträglichen pH-Bereich von 2–6. Da die Wirkung der Monoperschwefelsäure bei verschiedenen Stämmen unterschiedlich ist, sollten unterschiedliche Konzentrationen abgestuft geprüft werden. Die erforderliche Menge liegt zwischen 0,1–10 g/l.

Ein speziell für die medizinische Mykologie geeignetes Verfahren besteht in der 5–10tägigen Züchtung der verunreinigten Hefen in RAULINscher Lösung bei 37 °C.

Verhinderung von Pilzwachstum

Einer Verunreinigung von Hefekulturen durch mycelbildende Pilze kann durch Zusatz von 0,25% Natriumpropionat (oder 0,025% des Ca-Salzes) entgegengewirkt werden.

Literatur

BEECH, F. W., and R. R. DAVENPORT (1971): Isolation, purification, and maintenance of yeasts. in: Methods in Microbiology Vol. 4, 153–182. Academic Press London and New York.

HANSEN, A., (1956): Mikroorganismen der Gärungsindustrie. Verlag Hans Carl Nürnberg.

HENKEL, K., (1976): Verfahren zur selektiven Abtötung unerwünschter Bakterien in Hefesuspensionen. BRD Offenl. 2645386; Pat. 4206

KOCH, H., (1977): Leitfaden der Medizinischen Mykologie. VEB Gustav Fischer Verlag Jena, 2. Aufl.

4. Stammhaltung und Konservierung

Ein regelmäßiges Überimpfen umfangreicher Hefekulturen ist sehr zeit- und arbeitsaufwendig. Diese Art der Haltung birgt die Gefahr einer unerwünschten Selektion in sich, da Spontanmutationen auftreten können. Hauptanliegen der Konservierung ist die Schaffung optimaler Überlebensbedingungen während einer Langzeitlagerung. Es gibt dafür keine Methode, die für sich in Anspruch nehmen könnte, die besten, sichersten und geeignetsten Bedingungen für Hefen unterschiedlicher taxonomischer Zuordnung oder genetischer Konstitution zu bieten. So gilt es zu beachten, daß auxotrophe Mutanten sich bei der Konservierung weniger stabil verhalten als Wildtypstämme oder Revertanten. Die in der Literatur angeführten Daten sind vielfältig und die angewandten Methoden haben ihre Vor- und Nachteile. Generell besteht jedoch heute die Möglichkeit, Hefen über viele Jahre (5—10 Jahre und mehr) sicher zu konservieren. Die Hauptanforderungen beschränken sich nicht auf die Überlebensraten, d. h. die Fähigkeit zur Reproduktion, sondern berühren vor allem auch die funktionellen Eigenschaften (Fermentation, Produktbildung usw.) sowie die Erhaltung des vollen genetischen Komplements. Diese Kriterien korrelieren keinesfalls streng mit der Überlebensrate. Es muß daher von Fall zu Fall überprüft werden, welche Methode die sichersten Bedingungen für einzelne Stämme bietet. Das bedeutet, daß man bei längerer Lagerung eine dementsprechende Kontrolle der Überlebensrate sowie der interessierenden Merkmale vornehmen muß. Nicht alle Verfahren sind für eine quantitative Analyse der Überlebensrate geeignet, andererseits ist es praktisch unmöglich, alle genetischen Veränderungen zu erfassen, mit Ausnahme auffälliger Abweichungen, wie z. B. in der Pigmentierung, Kolonieform sowie leicht erfaßbaren genetischen Marken. Gegenwärtig wird die Lyophilisation noch als *die* Methode bei der Konservierung von Mikroorganismen, darunter auch Hefen, angesehen, da sie ökonomisch nicht sehr aufwendig ist, viele Hefen den damit verbundenen Wasserentzug vertragen und eine Lagerung bei Raumtemperatur möglich ist. Eine der, wenn nicht sogar die sicherste Methode, wenngleich sehr teuer, ist die Lagerung in flüssigem Stickstoff bzw. in der N_2-Gasphase.

Konservierungsmethoden

Entsprechend den jeweiligen Möglichkeiten und Bedingungen kann eine der nachstehend erläuterten Methoden eingesetzt und auf ihre Eignung geprüft werden. In der Regel sollten für alle Konservierungsarten Ausgangskulturen verwendet werden, die

1. eindeutig physiologisch und genetisch charakterisiert sind. Bei Stämmen mit genetischen Marken sind diese vor der Konservierung zu überprüfen
2. sauber sind, d. h. keinerlei Kontaminationen aufweisen
3. sich in der exponentiellen Wachstumsphase befinden.

Material u. Medien:

Schrägagar mit Wattestopfen oder Kapsenbergkappen, YEP-G-Agar oder 2% Agar mit 0,5% Hefeextrakt, 0,5% Glucose
Weiterhin in Abhängigkeit von der Methode: Paraffinöl, Dimethylsulfoxid, Glycerin, Magermilch (steril), Kälberserum, Silica-Gel.

4.1. Wiederholte Passagen auf Schrägagar-Röhrchen

Nach dem Beimpfen der gut gekennzeichneten Röhrchen werden diese 2—3 Tage im Brutschrank inkubiert und danach im Kühlschrank oder Kühlraum bei +4 °C gelagert. Die Wattestopfen können nach dem Anwachsen der Kultur mit flüssigem Paraffin getränkt oder mit Alufolie umhüllt werden. In der Regel wird im Jahresturnus auf frische Röhrchen überimpft.

4.2. Überschichten mit Paraffinöl

Hefekulturen auf Schrägagar, die nach 2—3 Tagen gut im Brutschrank angewachsen sind, werden mit sterilisiertem (150 °C) Paraffinöl überschichtet. Das Paraffinöl sollte 1—2 Finger breit über der oberen Agarzunge des Röhrchens stehen, das mit Wattestopfen verschlossen wird. Die Stopfen können mit Alu-Folie-Kappen zusätzlich umhüllt werden. Die Aufbewahrung erfolgt bei +4 °C oder bei Zimmertemperatur. Die Lagerzeit beträgt in der Regel 1 Jahr.

4.3. Lyophilisation

Das Verfahren soll eine gute Überlebensrate (5—30%) selbst nach 20 Jahren gewährleisten. Es empfiehlt sich aber auf jeden Fall, diese in etwa einjährigem Turnus zu überprüfen, da nicht alle Stämme die Gefriertrocknung gleichermaßen gut vertragen. Voraussetzung ist das Vorhandensein geeigneter Geräte für die Gefriertrocknung.

Die für die Lyophilisierung vorgesehenen Kulturen werden auf einem komplexen Medium (Malz, YEP-G) kultiviert und in der exponentiellen Phase (16—20 h) geerntet. Nach zweimaligem Waschen mit physiologischer NaCl-Lösung oder sterilem aqua dest. wird das Sediment in einer Lösung bestehend aus Magermilch und YEP-G (1:1) suspendiert. Bei Verwendung von Magermilch erübrigt sich ein Zusatz eines Gefrierschutzmittels. Der Zusatz von Dimethylsulfoxid (DMSO) als stabilisierendes Gefrierschutzmittel in Konzentrationen von etwa 5% erweist sich als günstig. Über die Schädlichkeit größerer Mengen an DMSO als 7,5% gibt es unterschiedliche Hinweise.

Es empfiehlt sich, zur späteren Kontrolle der Überlebensrate einen genauen Zelltiter, in der Regel von 10^5—10^6, einzustellen. Von dieser Suspension wird jeweils 1 ml mit Hilfe ausgezogener Pipetten in mit Glaskappen verschlossene sterilisierte Ampullen gefüllt. Ausgezogene Pipetten werden verwendet, um ein Benetzen der Ampullenwand zu verhindern. Die Ampullen können nunmehr lyophilisiert und abgeschmolzen werden. Von jeder Charge werden im Hinblick auf spätere Kontrollen mehrere Ampullen (10—20 oder nach Bedarf mehr) angefertigt. Die Ampullen werden in einem Gemisch aus Äthanol mit Trockeneis bei —78 °C eingefroren und anschließend in handelsüblichen Anlagen, z. B. der TGS des VEB Hochvakuum Dresden, lyophil getrocknet.

4.4. Flüssig-Stickstoff-Lagerung

Von hohen Überlebensraten wird bei der Lagerung von Hefen in flüssigem Stickstoff bzw. der darüber befindlichen Gasphase berichtet. Nur wenige Stämme liegen dabei unter 50%. Beachtung muß Hefen geschenkt werden, die Merkmale aufweisen, die in Beziehung zum Membranstatus stehen wie atmungsdefekte Mutanten, Stämme mit hoher Zuckertoleranz, Ergosterol-produzierende sowie vitaminbedürftige Stämme. Bei diesen sollten vierteljährlich Röhrchen zur Kontrolle der Überlebensrate entnommen werden. Zu diesem Zweck ist vor der Lagerung die Zellzahl einzustellen. Dies ist nur bei den ersten zwei der nachstehend beschriebenen Verfahren, bei denen unterschiedliche Medien und Gefrierschutzmittel verwendet werden, möglich.

Arbeitsvorschriften:

1. Resuspendieren der in der exponentiellen Phase geernteten und ausgewaschenen Hefe in flüssigem Hefeextrakt-Medium mit 20% Glycerin in Röhrchen. Lagerung in flüssigem Stickstoff bei —70 °C.
2. Resuspendieren der in der exponentiellen Phase geernteten und ausgewaschenen Hefe in einem speziellen flüssigen Medium mit folgender Zusammensetzung:

   Malzextrakt 2,5%, Kälberserum 15%, Dimethylsulfoxid 10%

   Lagerung in flüssigem Stickstoff.

3. Stichkultur in YEP-G-Agar.
Glas- oder Plaströhrchen (⌀ 5 mm, Höhe 70 mm) werden bis zur Hälfte mittels einer ausgezogenen Pipette mit aufgeschmolzenem YEP-G-Agar gefüllt, mit Wattestöpfchen verschlossen und autoklaviert. Nach dem Abkühlen werden jeweils 10 oder mehr Röhrchen mit einer 1—2 Tage alten Hefekultur von Schrägagar beimpft, indem die Impfnadel in den Agar gestochen wird. Die Röhrchen werden bis zur Ausbildung kleiner Kolonien (3—5 mm ⌀) bebrütetet und anschließend in flüssigem Stickstoff eingefroren und in kleinen Aluminium-Behältern, die 9 × 9 Röhrchen senkrecht stehend enthalten, über flüssigem Stickstoff gelagert.

4.5. Silicia-Gel-Konservierung

Hefen und andere Pilze können für längere Zeit erfolgreich konserviert werden, wenn sie in sterilem Silicia-Gel getrocknet werden. Es gibt Hinweise über eine acht Jahre lang erfolgte sichere Konservierung. Jedoch sollen einzelne Stämme nach einigen Jahren auch bei diesem Verfahren einen abrupten Rückgang der Überlebensrate zeigen, so daß sich eine Kontrolle empfiehlt. Als Gefäße werden kleine Flaschen (etwa 35 × 12 mm) mit Plasteverschlüssen (mit Gummidichtung) verwendet, die bis zur Hälfte mit Silicia-Gel gefüllt und 3 Stunden trocken in einer geschlossenen Metallbox sterilisiert werden. Die Kappen werden gesondert autoklaviert und getrocknet. Nach dem Abkühlen werden die Flaschen verschlossen und in die Bohrungen eines Metallblocks gestellt, der über Nacht im Kühlschrank aufbewahrt wird. Die auf YEP-G-Platten im Verlaufe von drei Tagen vorkultivierten Hefen werden mit einem sterilen Spatel abgekratzt und damit im Silica-Gel vermischt. Die Flaschen werden dicht verschlossen und kühl (+ 4 °C) gelagert.

Eine andere Variante dieser Methode besteht darin, die Hefen in steriler Magermilch zu suspendieren und davon einige Tropfen im Silicia-Gel zu verrühren. Für die Rekultivierung wird mit Hilfe eines Spatels eine Probe des Flascheninhalts auf YEP-G-Platten gebracht und 2—3 Tage inkubiert.

4.6. Versand von Hefestämmen

Es hat sich als zweckmäßig erwiesen, für den postalischen Versand lyophilisierte Hefestämme zu verwenden, sofern nicht die weniger aufwendige Übersendung von gut verschlossenen Schrägagarröhrchen oder kleinen Fläschchen mit Schraubverschluß mit den Agarkulturen vorteilhafter ist.

Vorbereitung versandfertiger lyophilisierter Hefen

Prüfung der Stämme auf physiologische oder genetische Kriterien
Anzucht der Hefestämme (16—18 h)

Trockensterilisation gefalzter Aluminiumfolie-Tütchen (etwa 30 × 40 mm) sowie Autoklavieren kleiner Filterpapierscheibchen (⌀ 10—15 mm), die mit Hilfe einer Lochstanze hergestellt werden.
Resuspendieren der Hefe in YEP-G
Übertragen der Hefesuspension auf die Filterpapierscheiben in einem sterilen, abgedeckten Bakterienfilter Absaugen der anhaftenden Nährlösung
Lyophilisieren der Filterpapierscheiben in Petrischalen
Einlegen der Papierscheiben in die sterilen Tütchen aus Alu-Folie
Verschluß durch zweifaches Umfalzen der offenen Seiten des Tütchens
Beschriftung
Versand im normalen Briefumschlag (Beachtung der zollrechtlichen Bestimmungen bei Auslandssendungen)
Nach 3—4 Wochen wird eine der zurückbehaltenen Chargen auf die Überlebensrate der Hefen überprüft.

Literatur

Beech, F. W., and R. R. Davenport (1971): Isolation, purification and maintenance of yeast, in: Methods in Microbiology, Vol. **4**, 153—182; Academic Press London and New York.

Heckly, R. J., (1978): Preservation of microorganisms. in: Advances in Applied Microbiology, Vol. **24**, 1—47.

Kockova-Kratochvilova and Z. Hubalek (1978): Liquid nitrogen storage of yeast cultures. Abstr. VI. Int. Special. Symp. on Yeasts 1978 Montpellier; S I 15.

Oliver, E., (1967): Der Einfluß von Dimethylsulfoxid (DMSO) auf die Lagerfähigkeit von Pilzkulturen. Zbl. Bakteriol., Parasitenk, Infekt., u. Hyg., I. Abt. Suppl. 2, 222—225.

Wellman, A. M., and G. G. Stewart (1973): Storage of brewing yeasts by liquid nitrogen refrigeration, in: Applied Microbiology Vol. 26, 577—583.

5. Mikroskopische Techniken

Es kann an dieser Stelle nicht auf die Grundlagen der Mikroskopie einschließlich der Mikrofotografie und die Beschreibung der dafür erforderlichen Geräte und Verfahren, wie etwa der Phasenkontrastmikroskopie oder der Fluoreszensmikroskopie eingegangen werden. Dazu möchten wir auf die spezielle Literatur sowie die Druckschriften des VEB Carl Zeiss Jena verweisen. Die für die Mikroskopie angebotenen oder vorhandenen Geräte, sowohl die Vielzahl an Mikroskopen als auch das Zubehör oder moderne Gerätekombinationen wie das Fotomikroskop (Dokuval) des VEB Carl Zeiss Jena sind dazu zu vielfältig und verschiedenartig. Auch wenn man nicht immer über die modernsten Geräte verfügt, lassen sich zufriedenstellende Phasenkontrast-Beobachtungen durchführen oder fototechnisch einwandfreie Mikroaufnahmen herstellen.

Uns kam es darauf an, in diesem Kapitel einige Hinweise zu geben, wie man optimale mikroskopische Präparate für verschiedenartige Aufgaben herstellen kann. Das Lichtmikroskop kann nur Optimales leisten, wenn das biologische Präparat dafür die notwendigen Bedingungen bietet.

5.1. Die Herstellung der Präparate

Die Verwendung von Agarpräparaten bietet bei lichtmikroskopischen Untersuchungen eine Reihe von Vorteilen. Sachgemäß hergestellte Präparate sind eine wesentliche Voraussetzung für die sichere Beurteilung von Mikroorganismen. Sie ermöglichen eine kontinuierliche mikroskopische Beobachtung von Wachstums- und Entwicklungsvorgängen, wie z. B. der Sprossung, Sporenkeimung, Koloniebildung, Regeneration von Protoplasten und anderer lichtmikroskopisch zu verfolgender Prozesse. Durch den Einschluß der Zellen zwischen Agar und Deckglas erfolgt eine Orientierung dieser in dieselbe optische Ebene. Gleichzeitig wird die Bewegung der Objekte unterbunden. So erfüllen sie günstige Bedingungen für eine einwandfreie Mikrofotografie und die kinematografische Beobachtung. Die gleichen Objektträgerfilme ohne Deckglas, in einer Feuchtkammer, sind eine wichtige Voraussetzung für die Mikromanipulation. Bei der Gewährleistung entsprechender Brechungsindices bei Verwendung von Gelatine lassen sich Innenstrukturen besser darstellen und wesentlich sicherer deuten als in einem Flüssigkeitspräparat, da die Hefezellen weniger refraktil und unbeweglich sind.

Ein Agarpräparat besteht aus einem Agarfilm auf einem Objektträger, der mit einer Zellsuspension beimpft, mit einem Deckglas abgedeckt und am Rande mit Paraffin verschlossen ist. Nachfolgend wird vorwiegend von Agarpräparaten gesprochen, da diese am häufigsten verwendet werden. Gelatinefilme sind gleichermaßen geeignet, sie werden jedoch bevorzugt für anspruchsvollere Untersuchungen eingesetzt. Sie können mit der gleichen Technik wie die Agarfilme hergestellt werden, wobei zu beachten gilt, daß der Schmelz- bzw. Erstarrungspunkt bei Gelatinegelen niedriger (22—25 °C) als bei Agargelen (42—45 °C) liegt. Die Anfertigung von Agarpräparaten beinhaltet folgende Schritte:

Herstellung des Objektträgerfilmes
Zurechtschneiden des Agarblockes
Verschließen des Präparates

Schematisch sind diese Schritte auf Abb. 8 dargestellt.

Material:

2%iger Agar oder 20%ige Gelatine, gereinigte Objektträger und Deckgläser, Pipetten (1 ml), Rasierklinge oder Skalpell, Paraffinbad, Pinsel, Petrischalen, Filterpapierscheiben (⌀ 7—8 cm), U-förmig gebogene Glasstäbe mit einem Durchmesser von 5 mm und einer Schenkellänge von ca. 60 mm.

Die Herstellung von Objektträgerfilmen

Mit einer über der Flamme erhitzten 1-ml-Pipette wird flüssiger Agar (oder Gelatine) steril der Vorratsflasche entnommen und davon etwa 0,5 ml auf den abgeflammten, noch warmen Objektträger aufgetropft. Mit der gleichen Pipette streicht man sofort das noch flüssige Gel über den mittleren Teil des Objektträgers zu einem dünnen Film aus. Der Objektträger wird dabei geschwenkt, um das erstarrende Gel gleichmäßig breitlaufen zu lassen und zum Abkühlen in eine bereitgestellte feuchte Kammer gelegt. Zweckmäßigerweise sollten mehrere Objektträger hintereinander mit dem Gel beschichtet werden. Sie können zu einem späteren Zeitpunkt am gleichen Tage, bei Aufbewahrung in einer feuchten Kammer, verwendet werden.

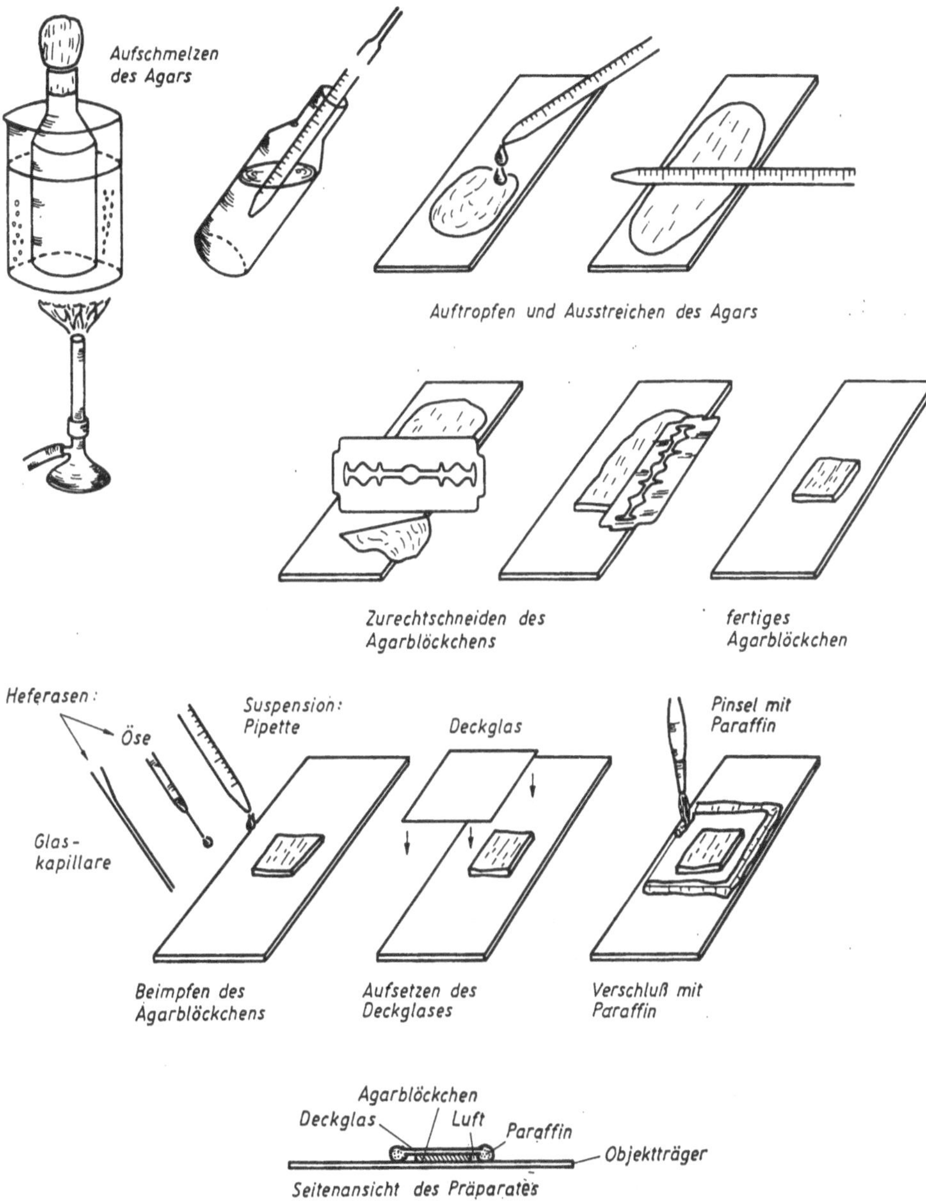

Abb. 8. Schematische Darstellung der einzelnen Schritte bei der Herstellung von Agar- oder Gelatinepräparaten.

Zurechtschneiden des Agarblocks

Das Zurechtschneiden des Gels in Blöckchenform ist nicht nur erforderlich, wenn man verschlossene Präparate für eine längere Beobachtung anfertigen will, sondern es erleichtert auch eine bessere Fixierung und Beobachtung des Objektes bei kurzzeitiger Analyse eines Präparates. Im ersten Fall sollte das Blöckchen kleiner als das Deckglas sein. Seine Fläche sollte 10 × 10 mm oder noch weniger betragen. Diese kleine Grundfläche gewährleistet bei Paraffinverschluß infolge eines freien Raumes zwischen Agarblöckchen und Deckglasrand eine ausreichende Versorgung des Präparates mit Sauerstoff. Das Zurechtschneiden kann mit einer Rasierklinge, einem Skalpell sowie dem Rand eines Objektträgers oder Deckglases erfolgen, indem man diese nach Abflammen in den weichen Film drückt und das Gel nach allen Seiten so vom Objektträger schiebt, daß das Blöckchen in der gewünschten Größe in der Mitte des Objektträgers übrig bleibt (Abb. 8).

Beimpfen des Präparates

Das Aufbringen des Objektes in Form einer Hefesuspension auf das Agarblöckchen muß sehr vorsichtig geschehen, um die Oberfläche des Films nicht zu beschädigen. Geht man von einem Heferasen aus, so gelingt dies mit Hilfe einer Platinöse nicht immer gleich gut, vor allem liegen die Zellen häufig zu dicht beieinander. Bewährt hat sich die Verwendung einer Glaskapillare oder einer entsprechend dünnen Glasfaser, die man selbst über dem Bunsenbrenner ausziehen kann. Da Hefen von frischen Agarröhrchen schlecht am Glas haften, legt man sich dazu eine sogenannte Starterkultur an, indem man die Hefezellen mit einer Öse voll Wasser auf einem Agarfilm (1 × 4 cm) gleichmäßig verreibt. Mittels der Kapillare entnimmt man davon Zellmaterial, das sich nunmehr gut auf dem Agarblöckchen verteilen läßt, so daß die Zellen meist vereinzelt liegen. Ein anderes Verfahren besteht darin, daß man ein Abklatschpräparat herstellt, d. h. auf das Blöckchen ein bewachsenes Agarsegment mit den Zellen nach unten auflegt und vorsichtig wieder abhebt.

Verschließen des Präparates

Nach dem Beimpfen des Agarblöckchens und Auflegen des Deckglases macht sich für längere Beobachtungen ein Verschließen der Präparate erforderlich, um ein Austrocknen zu vermeiden. Dazu werden mit Hilfe eines kleinen Pinsels alle vier Kanten des Deckglases mit im Wasserbad verflüssigtem Paraffin abgedichtet. Auf diese Weise entsteht um den Agarblock, zwischen Deckglas und Objektträger, ein Hohlraum. Die darin befindliche Luft reicht für eine mehrstündige Beobachtung aus. Bei längerer Beobachtung macht sich allerdings zunehmend Sauerstoffmangel bemerkbar.

Die Herstellung feuchter Kammern

Feuchte Kammern werden benötigt, um ein Austrocknen von Agarfilmen zu verhindern. Das gilt für Objektträgerkulturen mit isolierten Zellen oder Sporen aus der Mikromanipulation ebenso wie für Kulturen, die längere Zeit bebrütet werden sollen, um sie später erneut mikroskopisch zu analysieren und wo sich eine vorangehende Deckglasauflage nicht empfiehlt. Zu ihrer Herstellung benötigt man Petrischalen, Filterpapierscheiben sowie U-förmig gebogene Glasstäbe. In die untere Hälfte der Petrischale wird das Filterpapier gelegt, darauf der gebogene Glasstab. Nach dem Autoklavieren tränkt man das Papier mit sterilem aqua dest. und kann nach kurzem Stehenlassen diese feuchte Kammer verwenden. Die Objektträger werden auf die Glasstäbe gelegt, wodurch eine Auflage auf dem feuchten Filterpapier vermieden wird.

5.2. Herstellung von Trägerfilmen

Neben frischen Objektträgerfilmen werden noch Trägerfilme benötigt, die für eine längere Lagerung geeignet sind und für fixierte und gefärbte Präparate Verwendung finden. Ihre Anwendung ist dort angeraten, wo die Hefezellen unmittelbar auf der Glasoberfläche sehr schlecht haften und bei den Manipulationen während der Färbe- und Waschprozeduren abgeschwemmt werden. Derartige Filme, meist aus Eiweiß oder Gelatine, eignen sich auch vorzüglich zur Fixierung von Hefen an Glasoberflächen für die Raster-Elektronenmikroskopie.

Frische Ovalbumin-Objektträgerfilme

Auf den Objektträger oder das Deckglas wird mit Hilfe einer Pipette ein Film aus frischem Eiweiß aufgezogen. In diesem noch feuchten Film kann man Hefen aus dem Sediment einer gewaschenen Suspension mit der Öse verrühren. Eine andere Technik besteht darin, daß man einen kleinen Agarblock mit 18—24 h alten Hefemikrokolonien mit der Kolonieseite nach unten auf den vorbereiteten Film legt. Nach kurzer Verweilzeit wird dieser Agarstreifen vom Objektträger abgehoben und letzterer mit den anhaftenden Hefen in das Fixierbad überführt.

Trockene Ovalbumin-Objektträger

In einem Meßzylinder wird Eiweiß mit destilliertem Wasser (1 : 10) verrührt. Nach Sedimentation der unlöslichen Globuline wird der Überstand filtriert. Mit Hilfe einer Platinöse wird auf Deckgläsern oder Objektträgern ein dünner Film hergestellt, der schnell trocknet. Derartige Objektträger können längere

Zeit aufbewahrt werden. Hefezellen werden mit Hilfe eines Agarblocks wie oben beschrieben oder mittels einer Öse auf den präparierten Objektträger aufgetragen und nach kurzem Antrocknen fixiert.

Aufziehfilme für Autoradiografie

Diese für die Herstellung autoradiografischer Präparate entwickelten Objektträger eignen sich für die Fixierung und Färbung von Mikroorganismen. Sie sind mit einem Alaun-Gelatine-Gemisch präpariert und kommerziell unter der Bezeichnung „Aufziehplatten für autoradiografische Schichten" von ORWO-Wolfen zu beziehen.

Trockene Gelatinefilme

Aufgeschmolzene Gelatine (10—20%ig) wird mit der Pipette auf einen gut gereinigten, abgeflammten Objektträger aufgetropft und mit der noch warmen Pipette sofort dünn ausgestrichen. Diesen Film läßt man an der Luft oder im Trockenschrank trocknen, bis er hart geworden ist. Die Dicke dieses Films kann den Bedürfnissen entsprechend durch Variieren der Gelatinekonzentration verändert werden.

5.3. *Fixierungstechniken*

Ein wesentliches Anliegen einer Fixierung besteht darin, die zu untersuchenden Zellen und ihre Komponenten morphologisch möglichst unverändert zu erhalten. Die Fixierung trägt außerdem zum Haften des Objektes an der Oberfläche von Objektträgern oder Deckgläsern bei. Das Haften des Objekts ist sowohl im Hinblick auf die verschiedenartigen Färbe- und Waschprozeduren in der Mikroskopie aber auch für die Mikrofotografie erforderlich, bei der die Zellen in eine günstige Stellung zum Objektiv gebracht werden müssen. Sofern die Zellen nicht unmittelbar auf dem Objektträger sondern z. B. im Zentrifugenglas fixiert werden, müssen sie für die mikroskopische Untersuchung mit Hilfe einer Öse auf die präparierten Objektträger gebracht und leicht angetrocknet werden. Aus der Vielzahl von Fixierungsmitteln werden hier nur wenige, häufig bei Hefen verwendete Fixantien angeführt.

Fixierung nach Helly

Diese Fixierung wird der Forderung des Cytologen im hohen Maße gerecht, da die Größe und Form des Zellkerns, ebenso wie wesentliche Komponenten, wie Nukleolus und Spindel, erhalten bleiben. Diese können allerdings nicht gleichzeitig, sondern nur differenziert mit verschiedenen Farbstoffen (Giemsa, Feulgen usw.) dargestellt werden.

Ansatz der Lösung: 5 g $HgCl_2$ sowie 3 g $K_2Cr_2O_7$ werden in 100 ml destilliertem Wasser gelöst. Vor der Verwendung fügt man Formalin hinzu, bis dessen Endkonzentration 5–6% beträgt.
Fixiert wird in Abhängigkeit vom Objekt 10–20 Minuten.
Es ist zu beachten, daß $HgCl_2$ zu den Giften der Abteilung I gehört!

Alkohol/Formalin/Eisessig

Die Fixierung wird häufig zur Herstellung informativer Präparate über die Meiose bei *Saccharomyces* verwendet. Ansatz der Lösung: 50 ml Äthanol (96%), 5 ml Eisessig, 5 ml Formalin und 40 ml Wasser. Fixiert wird 45 Minuten.

Osmiumtetroxid

Die Fixierung mit Osmiumdämpfen ist ein sehr schnelles und für Routineuntersuchungen geeignetes Verfahren. Hierzu wird der Objektträger mit den angetrockneten Zellen mit der Objektseite nach unten auf die Öffnung eines Gefäßes mit Osmiumtetroxid gelegt. Die Fixierung erfolgt im Verlaufe von 2–4 Minuten. Die Prozedur ist unter dem Abzug vorzunehmen. Verätzungsgefahr!

Fixierung mit Trichloressigsäure (TES)

In der Regel wird 10%ige TES verwendet. Fixiert wird im Zentrifugenglas oder auf dem Objektträger. Die Dauer der Fixierung beträgt 30 Minuten. Sie soll im Eisbad vorgenommen werden.

5.4. *Darstellung des Hefezellkerns*

Bedingt durch erhebliche methodische Schwierigkeiten hielten über Jahrzehnte hinaus die Kontroversen hinsichtlich der Lokalisation, Natur, Struktur und Reproduktion des Zellkerns bei Hefen bis in die jüngste Vergangenheit an. Erst in neuerer Zeit hat die komplexe Anwendung verschiedener Methoden, wie der selektiven Färbung, der Phasenkontrastmikroskopie sowie der Ultradünnschnittechnik und Gefrierätzung in der Elektronenmikroskopie Befunde gebracht, die zu einem klaren Bild über den Hefekern geführt haben und die keinen Zweifel mehr daran lassen, daß die Hefen einen distinkt nachweisbaren, echten Kern besitzen. Trotz aller Erfolge steht die Hefekaryologie erst am Anfang. Inzwischen weiß man, daß der Hefekern von einer bilamellaren, zahlreiche Poren aufweisenden Membran umgeben ist, die bei den daraufhin untersuchten Hefen während der Mitose als Kontinuum erhalten bleibt. In verschiedenen Hefen konnte lichtmikroskopisch ebenso wie ultrastrukturell infolge seiner elektronendichteren Substruktur ein Nukleolus nachgewiesen werden. Umfangreich sind die Untersuchungen über die Genese, Struktur und Funktion eines als lateraler Körper, centriolar plaque oder Kinetochor bezeichneten Organells und seine Beziehungen zu intranukleären spindelartigen Strukturen, die durch das Auftreten zahlreicher mikrotubulärer Strukturen gekennzeichnet sind. Über den Modus der Kernteilung ist allerdings gegenwärtig sehr wenig bekannt. Umstritten ist auch nach wie vor die Anzahl der Chromosomen. Nach neueren indirekten ultrastrukturellen, durch Darstellung der synaptinemalen Komplexe erhaltenen Befunden besitzt *Saccharomyces cerevisiae* 17 Chromosomen, was mit der aus genetischen Daten geschlossenen Zahl recht gut übereinstimmt. Eine Korrelation zwischen der Anzahl der Mikrotubuli der Spindel und der Zahl der Chromosomen konnte nicht nachgewiesen werden. Individuelle Chromosomen lassen sich bisher also bei Hefen weder ultrastrukturell noch cytologisch eindeutig darstellen. Somit ist die Bestimmung der Anzahl der Chromosomen mit Hilfe genetischer Methoden z. Z. noch das sicherste, wenn auch ein langwieriges Verfahren.

Da unter den cytologischen Methoden die elektronenmikroskopische Darstellung des Kerns mit einem erheblichen zeitlichen und technischen Aufwand verbunden ist, haben lichtmikroskopische Verfahren zum Nachweis des Zellkerns bei Hefen im Lebendpräparat und fixierten gefärbten Zellen nach wie vor eine große Bedeutung und werden wegen der relativen Einfachheit und Schnelligkeit ihrer Durchführung vorgezogen, auch wenn dabei in Kauf genommen werden muß, daß Feinstrukturen im Kern nicht eindeutig nachgewiesen werden können. Für die Lehre, aber auch für manche Fragestellungen in der Forschung ist eine gute lichtmikroskopische Darstellung des Zellkerns durchaus ausreichend. Frühere Befunde über den Hefekern waren ausschließlich auf der Grundlage von Kernfärbungen erhalten worden. Dabei konnte der Kern gut als gefärbter Körper, häufig in unmittelbarer Nachbarschaft der Vakuole, dargestellt werden. Auf diese Weise erfolgt meist auch noch heute der Kernnachweis. Allerdings gelang es schon in den fünziger Jahren, Kerne in Hefen mit Hilfe des Phasenkontrastes sichtbar zu machen. Die Anwendung dieses Verfahrens verlangt große Sorgfalt, insbesondere bei der Präparation und der Beherrschung der mikroskopischen Technik. Infolge des Brechungsverhaltens der Kulturmedien, die ja meist mit Agar- oder Gelatinegelen verfestigt werden, lassen sich Kerne, Vakuolen und eventuell auch Mitochondrien nur eindeutig vom Cytoplasma differenziert darstellen, wenn der Brechungsindex des umgebenden Mediums dem des Cytoplasmas angepaßt wird. Verschiedene Autoren verwenden dazu Medien, die 21—25% Gelatine enthalten. Dünne Objektträgerfilme, die aus derartigen Gelatinemedien hergestellt werden, sind daher eine günstige Voraussetzung für phasenoptische Untersuchungen, auch an Hefezellen. Allerdings besitzen Gelatinepräparate den Nachteil, daß sie bei Temperaturen über 20 °C infolge des niedrigen Schmelzpunktes der Gelatine unbrauchbar werden. Es gab daher Versuche, die Gelatine zu ersetzen, wie z. B. durch Polyvinylpyrrolidone, um bei höheren Temperaturen arbeiten zu können, was sich jedoch nicht durchgesetzt hat. Da in vielen Untersuchungen der Kern im Mittelpunkt des Interesses steht, beschränken wir uns hier auf einige der einfachsten und gebräuchlichsten Methoden zum Kernnachweis.

5.4.1. Lebenddarstellung des Zellkerns

Phasenkontrast-Beobachtung des Zellkerns mit Hilfe der Brechungsindex-Korrektur

Der Zellkern ist in der lebenden Hefezelle im normalen Phasenkontrast nur unter Verwendung zusätzlicher Hilfsmittel zu beobachten. Ohne dieses ist das Bild unbefriedigend, weil durch die kugelige oder ellipsoide Zellform, d. h. die nahezu linsenartige Struktur der Hefezelle, störende optische Effekte entstehen. Ein geeignetes Verfahren zur Verbesserung des mikroskopischen Bildes besteht in der Auswahl optisch günstiger Einschlußmittel, die eine Aufhebung bzw. Reduzierung der Brechungsindex-Differenz zwischen Medium und Objekt bewirken. Zur Erzielung optimaler phasenoptischer Bilder ist Agar als Gel für die Herstellung von Objektträgerfilmen wegen seiner optischen Eigenschaften für viele pilzliche Mikroorganismen wenig geeignet, da bei einer Konzentrationsveränderung im Unterschied zur Gelatine nur eine unbedeutende Brechungsindexveränderung erfolgt. Gelatine ist im optischen Verhalten den Agar-Gelen weit überlegen. Bei höher konzentrierten Gelatine-Gelen (40—50%) können Brechungsexponenten zwischen $n_D = 1{,}385$ und $n_D = 1{,}405$ erzielt werden, die eine Aufhebung der Brechungsindex-Differenz bewirken. Die Ermittlung der Brechungsindices erfolgt mit Hilfe des ABBE-Refraktometers (Abb. 9). Mit der Beseitigung der Brechungsindex-Differenz wird der Brechungsindex des Cytoplasmas dem des Gels weitestgehend angeglichen, wodurch im phasenoptischen Bild die Zellen transparent erscheinen. Durch geringe Veränderungen, d. h. Korrektur der Brechungsindices lassen sich Zellstrukturen wie Kern, Vakuole, Granula usw. optimal im Phasenkontrast darstellen.

Bei Objekten mit unbekannten Brechungsindices geht man so vor, daß eine nach den Gelatinekonzentrationen gleichmäßig abgestufte Reihe von Gelen hergestellt wird. Vorteilhaft sind mehrstufige Reihen mit 10%iger Konzentrationserhöhung, z. B. 8, 20, 30, 40, 50%. Für cytologische Untersuchungen bei Hefen sind in der Regel Gelkonzentrationen zwischen 20 und 30% ausreichend. Von den definierten Gelen werden Objektträgerpräparate hergestellt. Damit wird im Phasenkontrast das optimale mikroskopische Bild ermittelt. Dieses ist bei einem „halo“-freien Phasenkontrastbild erreicht. Hat man von den einzelnen Gelkonzentrationen den Brechungsindex bestimmt, so läßt sich daraus der Schluß auf den Brechungsindex des Cytoplasmas der Hefezelle ziehen. Bei weiteren Untersuchungen am gleichen Objekt kann die Gelatinereihe auf 2—3 Stufen reduziert werden. Allerdings bedarf es nicht unbedingt refraktometrischer Messungen, um dieses Verfahren anzuwenden.

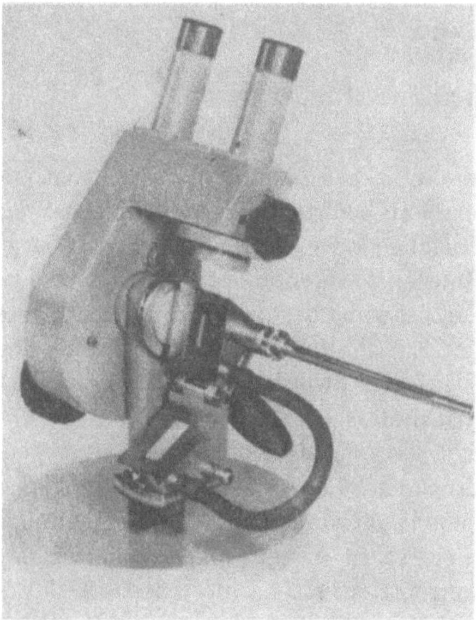

Abb. 9. ABBE-Refraktometer zur Bestimmung von Brechungsindices, z. B. in Gelatinegelen. Der temperierbare Prismenkörper, auf den die zu messende Lösung aufgetropft wird, ist im Bild geöffnet (Hersteller: VEB Carl Zeiss, Jena)

Vielfach genügt es schon, wenn entsprechende Konzentrationsreihen angefertigt werden. Wesentlich ist nur die genaue Beachtung der optimalen Gelatinekonzentration und deren gleichbleibende Qualität. Dabei ist zu berücksichtigen, daß durch längeres Aufbewahren der Gele und wiederholtes Verflüssigen eine Erhöhung der Brechungsexponenten infolge Wasserverlustes eintritt. Desgleichen ist zu beachten, daß durch Klären, Dampftopfsterilisation und Alterung der Gele eine Veränderung der Brechungsindices vor sich geht. Ebenso erfolgt eine Veränderung der Brechzahl bei Auftropfen einer wäßrigen Suspension auf den Gelatinefilm. Deshalb sollte nur wenig Material mit einer Öse oder Kapillare auf den Film aufgebracht werden.

Material:

Wasserbad, Blatt- oder pulverisierte Gelatine, Objektträger und Deckgläser, Bechergläser, Kulturflaschen, Reagenzgläser, Pipetten, Paraffin, Pinsel.

Arbeitsablauf

Herstellung einer Gelatine-Stammlösung

In der Regel reicht ein Ansatz von 20—30 ml aus. Bei größeren, nicht aufgebrauchten Mengen besteht die Gefahr des Eintrocknens und damit der Veränderung der Konzentration und Brechzahl. Für die Herstellung von 20 ml einer 30% Lösung werden 6 g Gelatine in 20 ml aqua dest., das vorher in einer 50 ml Steilbrustflasche im Wasserbad erwärmt wurde, gelöst. Mit Hilfe des Refraktometers kann die Konzentration anschließend exakt bestimmt werden.

Justieren des ABBE-Refraktometers

Die Funktionsweise ist der den Geräten beigefügten Gebrauchsanleitung zu entnehmen. Als Justierflüssigkeit dient destilliertes Wasser. Auf das Meßprisma werden mit einer Pipette 2—3 Tropfen aqua dest. aufgetropft, das Beleuchtungsprisma wird angeklappt und der Prismenkörper geschlossen. Bei Zimmertemperatur muß die mit Hilfe des Fernrohrs ablesbare Brechzahl $n_D = 1{,}3330$ betragen. Gegenüber der Brechzahl können die Prozente abgelesen werden (aqua dest. = 0%)

Bestimmung der Brechzahl der Gelatine

Nach der Justierung des Gerätes wird der Brechungsindex bzw. die genaue Konzentration der flüssigen Gelatine-Stammlösung bestimmt, indem diese ebenfalls auf das Meßprisma aufgetropft wird. Falls n_D der Ausgangslösung von 1,380 (= 30%) abweicht, muß mit aqua dest. verdünnt bzw. etwas Gelatine zugesetzt und wieder erwärmt werden. Danach erfolgt erneut die Bestimmung der Brechzahl. Auf die gleiche Weise kann eine Verdünnungsreihe von 20 bis 30%iger Gelatine in beliebiger Abstufung hergestellt und erforderliche Korrekturen vorgenommen werden. Das Meßprisma ist nach der Messung mit Watte und warmem Wasser gründlich zu reinigen.

Die Beobachtung des Zellkerns im Phasenkontrast

Es werden Objektträger-Filme mit verschiedenen Gelatine-Konzentrationen gegossen und in eine feuchte Kammer gestellt. Geeignet sind Lösungen mit einer Brechzahl um $n_D = 1{,}378$. Nacheinander werden diese Filme mit einer geringen Menge Hefematerial beimpft und die Präparate verschlossen. Nach wenigen Minuten, in deren Verlauf eine Anpassung von Objekt und Medium vor sich geht, erfolgt die Auswertung der Präparate. Die Gelatinekonzentration mit der besten Darstellung des Kerns wird notiert und kann für den gleichen Stamm unter definierten Bedingungen verwendet werden. Der Hefekern ist in der Regel als nebelgraue ovale Struktur neben der heller erscheinen-

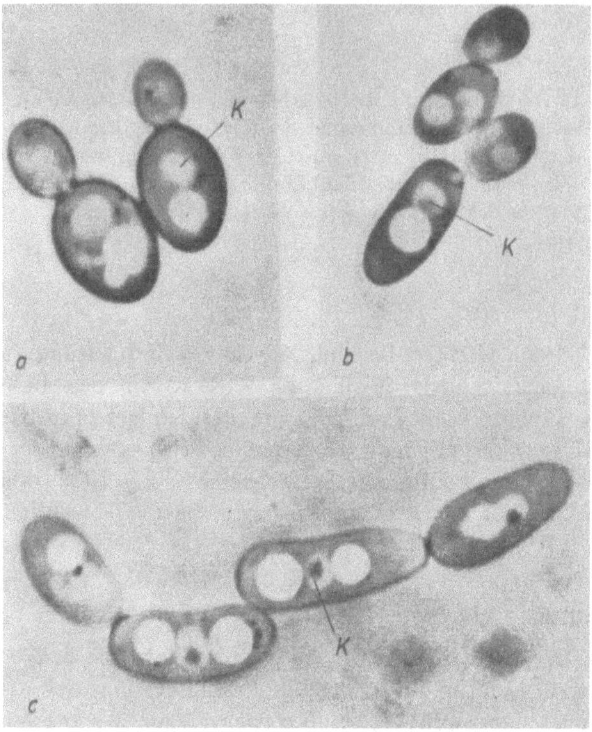

Abb. 10. Lebenddarstellung von Zellkernen (K) bei *Saccharomyces cerevisiae* (a), *Sacch. fragilis* (b) und *Saccharomycopsis lipolytica* (c). Bei (b) und (c) sind deutlich Nukleoli in den Kernen zu erkennen. Vergrößerungen: 2500 : 1. n_D in Gelatine: 1,378

den Vakuole darstellbar. Bei einigen Hefen ist er durch Vorhandensein eines Nukleolus besonders deutlich erkennbar (Abb. 10).

Die Darstellung „lebensnaher" Kerne

Ein sehr schnelles Verfahren zur routinemäßigen Sichtbarmachung von Kernen besteht in der Verwendung essigsaurer Agarmedien bzw. im Zusatz von Formalin zum Agar.

Arbeitsablauf:

a) Zu aufgeschmolzenem Agar wird 0,5—1,0% Essigsäure zugesetzt. Die Herstellung der Objektträgerfilme erfolgt auf die bekannte Art und Weise. Der Kern erscheint als klar abgegrenztes Vehikel mit einer halbmondförmigen Anordnung des Kernmaterials.

b) Anstelle von Essigsäure wird Formalin zum Agar zugesetzt (Endkonzentration ca. 25%). Auf diese Weise wird der Kern fixiert und der Kontrast zwischen Cytoplasma und Zellstrukturen erhöht.

5.4.2. *Kernfärbung nach* Giemsa

Die Giemsa-Färbung ermöglicht eine gute Darstellung des Chromatins im Hefekern. Es ist ein relativ einfaches, reproduzierbares Färbeverfahren, mit dessen Hilfe morphologische Veränderungen des Kerns erfaßt werden können. Für eine Analyse der Kern- und Chromosomenfeinstruktur und damit für eine Karyotyp-Charakterisierung von Hefen, wie sie bei höheren Organismen möglich ist, eignet sich diese Methode, ähnlich wie die meisten anderen Färbeverfahren, nicht.

Material:

Auf 60 °C erwärmtes Wasserbad, Objektträger und Deckgläser, Pinzette, kl. Pinsel, Eiweiß bzw. damit präparierte Objektträger, Paraffinbad.

Lösungen:

Fixierlösung nach Helly	Phosphat-Puffer, pH 6,9
70% Äthanol	3 g Na_2HPO_4
1% NaCl-Lösungen	1,5 g KH_2PO_4
0,1 n HCl-Lösung	500 ml H_2O

Giemsa Stammlösung

RNase-Lösung (nach Bedarf):

0,4 mg/ml RNase in 0,5 m Tris-HCl-Puffer; pH 7,5.

Arbeitsablauf

a) Fixierung

Die zu färbenden Hefen werden geerntet, zentrifugiert und in der Fixierlösung resuspendiert. Die Fixierung nach Helly erfolgt im Verlaufe von 8—10 Minuten. Danach wird zentrifugiert. Die fixierten Zellen werden auf Deckfläser gebracht, indem 0,1 ml verdünntes Eiweiß (0,2 ml Eiweiß + 1 ml Wasser) mit 1 ml der Suspension fixierter Zellen gemischt und mit einem Pinsel aufgestrichen werden.

Ein anderes Verfahren besteht darin, die geernteten Zellen unfixiert mit Eiweiß zu vermischen. Von dieser Mischung wird ein Tropfen auf ein Deckglas gebracht. Mit einem zweiten Deckglas wird der Tropfen breit gezogen und beide Deckgläser in einem Winkel von 45 °C übereinander gelegt. Nach Auseinanderziehen der Deckgläser erhält man auf jedem einen Eiweißfilm mit den eingeschlossenen Hefezellen. Diese Präparate werden nun in die Fixierlösung gestellt. Protoplasten können in der HELLY-Lösung ohne Zusatz von osmotischen Stabilisatoren fixiert und anschließend ebenso wie die vegetativen Zellen behandelt werden.

b) Extraktion

Die fixierten Präparate werden nach kurzem Waschen in 70% Äthanol im Wasserbad bei 60 °C in 1% NaCl-Lösung im Verlaufe von zwei Stunden extrahiert. Im Bedarfsfall können sie zur Aufhellung des Cytoplasmas anschließend mit RNase behandelt werden, indem sie 90 Minuten bei 60 °C in die RNase-Lösung gestellt werden.

c) Hydrolyse und Färbung

Die Präparate werden durch Wasser und Phosphatpuffer (pH 6,9) geführt und anschließend 8—10 Minuten, im Bedarfsfall auch länger, in 0,1 n HCl-Lösung der Hydrolyse ausgesetzt. Daran schließt sich die Färbung im Verlaufe von 1—2 Stunden in Färbeküvetten an.

d) Montage und Beurteilung der Präparate

Die Deckgläser werden der Farblösung entnommen und mit dem Zellmaterial nach unten auf einen Objektträger gelegt, auf den ein Tropfen der GIEMSA-Farblösung gebracht wurde. Das Deckglas wird fest gegen den Objektträger gedrückt (nicht verschieben!) und die herausgequetschte Farblösung wird mit Filterpapier abgesaugt.

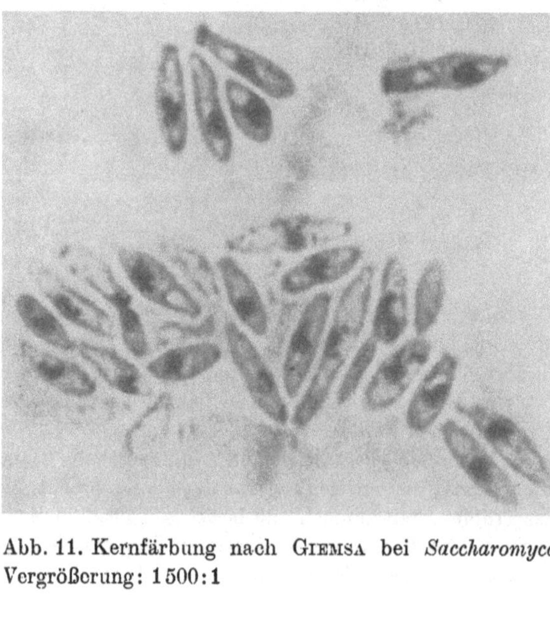

Abb. 11. Kernfärbung nach GIEMSA bei *Saccharomycopsis lipolytica*. Vergrößerung: 1500:1

Mit Hilfe eines in Paraffin getauchten Pinsels wird der Deckglasrand ringsum verschlossen. Die Präparate können unmittelbar oder nach Lagerung im Kühlschrank mikroskopisch ausgewertet werden. Die Kerne sind als karminrote bis violette Strukturen deutlich darstellbar (Abb. 11). Die Beurteilung erfolgt unter Verwendung von Planachromat-Objektiven.

Anmerkung

Für die Färbung sind Hefen aus der exponentiellen Phase am geeignetsten, da Zellen aus der stationären Phase häufig GIEMSA-positive Klümpchen im Cytoplasma aufweisen. Meiosezellen bedürfen in der Regel zusätzlicher Behandlungen. Es wird empfohlen, die Präparate vor der Hydrolyse in HCl im Verlaufe von 20—30 Minuten mit Glusulase (oder Schneckenenzym) zu behandeln (s. Kap. 8). Außerdem ist eine Entfärbung mit angesäuertem Wasser (0,1 ml Essigsäure/1 l Wasser) angebracht. Es wird solange gewässert, bis das Cytoplasma klar ist (Mikroskopische Kontrolle). Bei der Montage von Meiosezellen soll das Deckglas bis zum Auftreten NEWTONscher Ringe gegen den Objektträger gedrückt werden. Die angeführten Hydrolysezeiten von 8—10 Minuten gelten für *Saccharomyces cerevisiae*. Bei *Saccharomycopsis lipolytica* muß diese Zeit auf mindestens 15 Minuten erhöht werden. Bei anderen Hefen muß die jeweils optimale Hydrolysezeit bestimmt werden. Für eine bessere Beurteilung struktureller Details am Zellkern ist eine Behandlung mit RNase vorteilhaft, da sie zu einer Aufhellung des Cytoplasmas führt.

5.4.3. Die Fluoreszenzmikroskopische Kerndarstellung

Unter Fluoreszenz versteht man die durch Molekülanregung erfolgende Umwandlung kurzwelliger Strahlen in längerwelliges sichtbares Licht. Neben der selteneren Nutzung der Eigenfluoreszenz kommt der Anwendung von Fluoreszenzfarbstoffen, sogenannten Fluorochromen z. B. bei der Darstellung DNS-haltiger Strukturen eine besondere Bedeutung zu. Von den Fluorochromen eignen sich Acridinorange, Mithramycin und Olivomycin besonders gut zur Beobachtung von Hefezellkernen. Alle drei Verbindungen hemmen die Matrizenaktivität der DNS, wobei sie durch Intercalation an die doppelsträngige DNS gebunden werden. Während Acridinorange schon länger zur Kerndarstellung genutzt wird, wurde die Eignung von Mithramycin bzw. des mit ihm strukturell verwandten und zu den Anthracen-Antibiotika gehörenden Olivomycins erst in letzter Zeit erkannt. Die Anwendung dieser beiden Antibiotika ermöglicht eine sehr schnelle Einstufen-Färbung, weil sich infolge ihrer Fluoreszenzeigenschaften und der spezifischen Bindung an die DNS die für die Acridinorangefärbung erforderliche Hydrolyse der DNS sowie das Auswaschen des Farbstoffes vor dem Mikroskopieren erübrigen. Damit ist diese Färbung den konventionellen zeit- und arbeitsaufwendigen Kernfärbetechniken überlegen.

Färbung mit Mithramycin oder Olivgomycin

Material:

Fluoreszenzmikroskop (Fluoval VEB Carl Zeiss Jena) oder Verwendung eines Fluoreszenzaufsatzes (Opac-Illuminator, UdSSR) auf ein gewöhnliches Forschungsmikroskop mit geeigneten Filtern (BG3 340–380 nm).

Objektträger, Deckgläser, Paraffinbad, Pinsel, Zentrifugengläser (25 ml), Mithramycin oder Olivomycin, 15 mM $MgCl_2$ (0,105 mg/100 ml), 25% Äthanol (für Färbung vegetativer Zellen), 70% Äthanol (für Färbung von Meiose-Zellen). Die Antibiotika sind wasserlöslich.

Färbeprozedur:

a) Vegetative Zellen

In einem Zentrifugenglas wird ein gewaschenes Hefesediment mit dem gleichen Volumen der Färbelösung verrührt, die 0,2 mg/ml Mithramycin, 15 mM $MgCl_2$ und 25% Äthanol (Endkonzentrationen) enthält. Färbedauer: 15 Minuten. Danach wird Acridinorange zur Gegenfärbung in einer Menge zugesetzt, die einer Endkonzentration von 1 mg/ml entspricht. Nach gründlichem Verrühren wird ein Tropfen der Suspension auf einen Objektträger bzw. ein Agarpräparat aufgetragen, mit dem Deckglas verschlossen und, evtl. nach Paraffinverschluß, im Fluoreszenzmikroskop analysiert. Es ist zweckmäßig, sich geeignete Objekte im Hellfeld zu suchen und dann auf Fluoreszenz umzustellen. Ein Auswaschen des Farbstoffs ist nicht erforderlich.

b) Meiosezellen

Die Probe wird zunächst in 70%igem Äthanol suspensiert und 20 Min. darin belassen. Danach wird das doppelte Volumen der Farblösung hinzugefügt, so daß die Mithramycinkonzentration 0,4 mg/ml beträgt. Die $MgCl_2$-Konzentration soll nach wie vor 15 mM betragen. Die Gegenfärbung erfolgt nach 20 Minuten. Anschließend kann das Präparat angefertigt und analysiert werden.

Bemerkung

Vor der Färbung können die Hefen im Bedarfsfall in 70% Äthanol bei 4 °C aufbewahrt werden. Verschlossene Präparate sind im Kühlschrank haltbar. Die Darstellung von Kernen in reifen Ascosporen gelingt besonders schön, wenn die sporulierenden Hefen etwa eine Woche bei 4 °C im Kühlschrank in der Farblösung verbleiben.

Färbung mit Acridinorange

Ansetzen der Farblösung:

12,4 mg Acridinorange werden in 250 ml 0,2 M Phosphatpuffer gelöst. Phosphatpuffer: 27,6 g NaH_2PO_4/1000 ml, Einstellen von pH 6,3 mit 1 n NaOH
Trichloressigsäure: 10%ig

Färbeprozedur:

Fixieren: Die geernteten und gewaschenen Zellen werden als Sediment in einem Zentrifugenglas mit 1—2 ml einer 10%igen Trichloressigsäure verrührt und in ein Eisbad gestellt. Nach 30 Minuten wird abzentrifugiert und einmal mit aqua dest. gewaschen.

Färben: Die fixierten und gewaschenen Hefen werden in 1—2 ml Farblösung verrührt und 25 Minuten gefärbt. Nach Ablauf dieser Zeit erfolgt einmaliges Waschen mit aqua dest. Die gefärbten Hefen können in einem Flüssigpräparat oder auf einem Agarfilm und nach Abdecken und Verschluß mit dem Deckglas im Fluoreszenzmikroskop analysiert werden.

Beurteilung

Die Kerne lassen sich in den grün oder orange gefärbten Hefezellen als gelb-grüne fluoreszierende Körper identifizieren. Tote Hefezellen erscheinen leuchtend orange, da sie den Farbstoff akkumulieren.

Literatur

Beyer, H., (1977): Handbuch der Mikroskopie, Verlag Technik, Berlin.

Müller, R., (1956): Zur Verbesserung der Phasenkontrastmikroskopie durch Verwendung von Medien optimaler Brechungsindices. Mikroskopie, **11**, 36.

Müller, R., (1956): Lebendnachweis des Zellkerns der Hefen im Phasenkontrastmikroskop. Naturwiss. **43**, 315.

Robinow, C. F., and J. Marak (1966): A fiber apparatus in the nucleus of the yeast cell. J. Cell. Biol. **29**, 129—151.

Romeis, B., (1968): Mikroskopische Technik, R. Oldenburg Verlag, München—Wien.

Slater, M. L., (1976): Rapid nuclear staining method for *Sacch. cerevisiae*. J. Bact. **126**, 1339.

Sukroongreung, S., and L. R. de Miranda (1973): A new aspect of the life cycle of *Candida tropicalis*. Ant. van Leeuwenhoek, **39**, 65—80.

6. Mikromanipulation

Mikromanipulatoren verschiedenster Konstruktion finden eine breite Anwendung in der Zellbiologie, vor allem aber in der Genetik der Hefen. Sie ermöglichen die gezielte mikroskopisch kontrollierbare Isolierung individueller Zellen oder Zygoten für Einzell-Kulturen und die Analyse deren Entwicklung,

Abb. 12. Gleitmikromanipulator des VEB Carl Zeiss Jena. Rechts und links vom Mikroskoptisch die Gleitschalen mit den darauf befindlichen Geräteträgern.

die paarweise Lokalisierung von Zellen mit unterschiedlichem Paarungstyp zum Studium der Konjugation, vor allem jedoch das Aufreißen von Asci und die Trennung und Isolierung von Ascosporen für die Tetradenanalyse. Mit Hilfe spezieller Mikroinstrumente wie Nadeln, Haken, Pipetten, Messer usw., die gleichmäßig und präzise in alle Richtungen des Raumes bewegt werden können, läßt sich eine Manipulation von Zellen unter mikroskopischer Kontrolle vornehmen. Das Arbeiten am Mikromanipulator erfordert viel Erfahrung und Geschick, aber auch eine Portion Geduld. Der Erfolg der

Arbeit hängt darüber hinaus von der guten Vorbereitung der Präparate, einer guten Identifizierbarkeit der Objekte, der Qualität der Mikroinstrumente sowie den optischen Bedingungen ab. Eine eingehende Beschreibung des Aufbaus und der Funktionsweise eines Mikromanipulators kann hier nicht erfolgen. Es wird auf die vom VEB Carl Zeiss Jena vertriebenen Druckschriften bzw. Gebrauchsanweisungen für den Gleitmikromanipulator (Abb. 12) verwiesen. Wir konzentrieren uns auf die Herstellung der Glasgeräte, die Vorbereitung der Präparate und Methoden der Zellseparation.

6.1. Herstellung der Glasgeräte

Vorbereitende Arbeiten: Die mikrurgischen Instrumente werden meist aus Glas, seltener aus Metallen, gefertigt. Obwohl verschiedenartige Geräte beschrieben wurden, haben sich für die Isolierung von Zellen oder Sporen einfache Glasnadeln als durchaus geeignet und ausreichend erwiesen. Nadeln und Pipetten lassen sich auf die gleiche Art und Weise herstellen, im ersten Falle werden als Ausgangsmaterial Glasstäbe, im zweiten dünnwandige Glasrohre verwendet. Im allgemeinen sind dazu sogenannte kurze Gläser wie Rasotherm oder Duran besonders geeignet. Zunächst geht man von 2,5 mm starken Glasröhrchen oder entsprechenden dünneren (1,5—2,0 mm ⌀) Glasstäben aus. Diese werden mit der Hand in der Flamme eines Bunsenbrenners unter ständigem Drehen bis zum Weichwerden erhitzt und dann schnell außerhalb der Flamme auseinander gezogen, so daß eine etwa 15—20 cm lange Kapillare bzw. ein Stab mit einem Durchmesser von etwa 0,5 mm entsteht. Es ist darauf zu achten, daß eine gleichmäßig dicke und gerade Kapillare entsteht. Die ausgezogene Kapillare wird nun in der Mitte mit Hilfe eines Diamanten angeritzt und gebrochen. Wir empfehlen eine größere Anzahl derartiger Rohlinge herzustellen.

Der nächste Schritt besteht darin, die Kapillare oder den Stab an der Bruchstelle weiter zu verdünnen, so daß eine Dicke von 10—100 µm erreicht wird. Diese Operation kann mit Hilfe eines Nadelziehgerätes, einer Sparflamme des Bunsenbrenners oder eines Mikrobrenners erfolgen. Das Nadelziehgerät des VEB Carl Zeiss Jena (Abb. 13) erlaubt die Herstellung von Glaswerkzeugen mit Spitzendurchmessern bis zu 1 µm. Der große Vorteil der Instrumentenherstellung an diesem Gerät gegenüber der manuellen (freihändigen) Fertigung besteht darin, daß man den vorgefertigten eingespannten Glasstab vertikal, horizontal oder geneigt verschieben kann. Mit Hilfe eines abgewandelten Gleitmanipulators, an dem sich ein thermisch regelbarer Platinglühdraht befindet, kann unter optischer Kontrolle durch ein binokulares, horizontal angeordnetes Stereomikroskop der Glasstab wiederum bis zum Weichwerden erhitzt und auf die gewünschte Stärke gebracht werden. Der erhaltene Durchmesser ist auf einer Strichplatte ablesbar. Zum weiteren Ausziehen wird am unteren Ende des Stabes ein kleiner Haken gebogen, in den man ein kleines Gewicht einhängt. Dieses kann aus einem gebogenem Glasstab angefertigt werden. Der Stab wird nun in die Nähe des Glühdrahtes gebracht, wodurch er in die Länge gezogen und verdünnt wird.

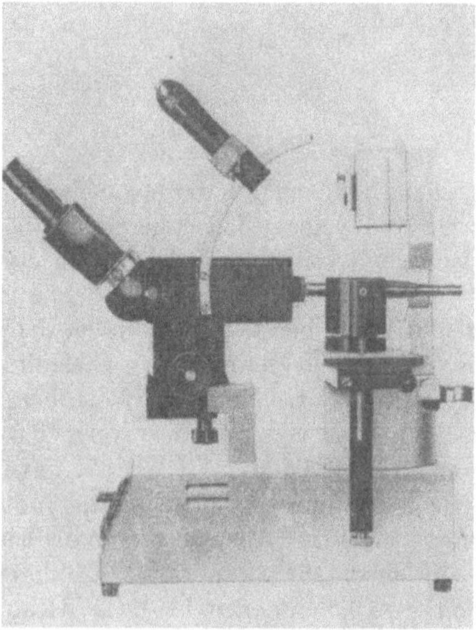

Abb. 13. Nadelziehgerät zur Herstellung von Glasgeräten für die Mikromanipulation (Hersteller: VEB Carl Zeiss, Jena)

Durch manuelles Regeln dieses Vorgangs lernt man sehr schnell die Zeitdauer des Erwärmens der Kapillare zu bestimmen. Mit Hilfe einer speziellen Schneidvorrichtung kann dieses Werkzeug an gewünschter Stelle abgeschnitten werden. Will man Haken an den Nadeln herstellen, so ist dies sehr leicht durch Neigen des Gerätes und erneutes Erhitzen seines Spitzenbereiches möglich (Abb. 14a). Bei Bedarf kann die Spitze fein ausgezogen oder abgeschmolzen werden. Die Qualität der Hilfsgeräte hängt vom Umfang der Erfahrung, dem technischen Geschick und der Erfindungsgabe des Bearbeiters ab. Sie bestimmt in hohem Maße den Erfolg der mikrurgischen Arbeit.

6.2. *Vorbereitung der Präparate*

Die Präparate werden ähnlich wie auf S. 46ff. beschrieben hergestellt. Es wird geklärter 3–4%iger YEP-G- oder Wasser-Agar verwendet. In der Regel wird ein Nähragar benutzt, da die isolierten Zellen oder Sporen nach der Isolierung

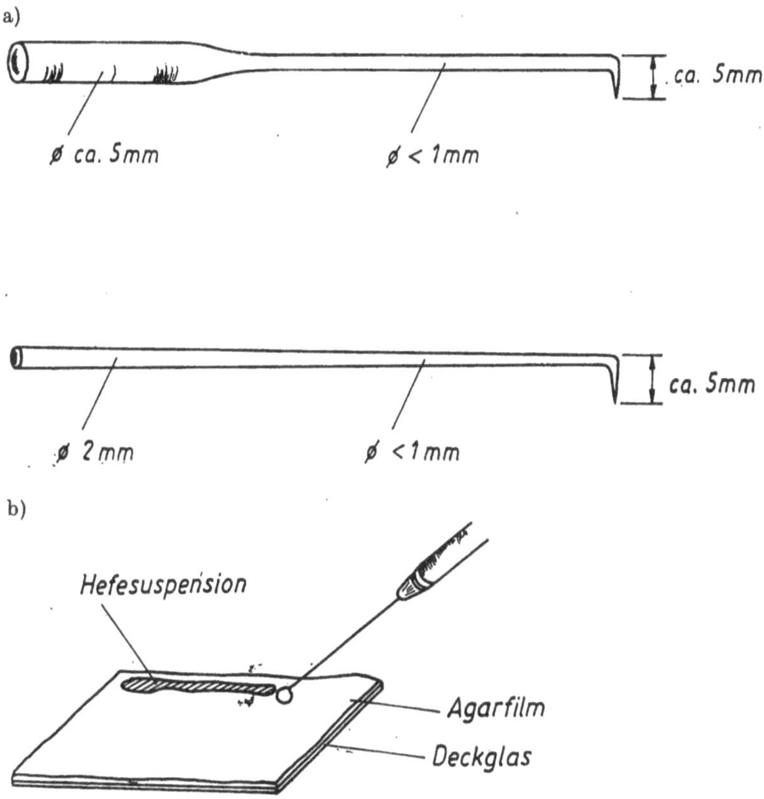

Abb. 14. Vorbereitende Arbeiten für die Mikromanipulation

(a) — Hakenförmige Glasnadeln, wie sie zur Isolierung von Ascosporen verwendet werden

(b) — Herstellung des Präparates. Auf dem Agarfilm wird die Hefesuspension ausgestrichen.

zum Sprossen oder Keimen gebracht werden sollen. Die höhere Agarkonzentration hilft ein Eindringen der Glasgeräte in den Agar und damit die Verschlechterung der optischen Bedingungen zu vermeiden. Als Glasunterlage für die Agarfilme werden dünne Deckgläser, in jedem Fall dünner als 0,2 mm (am besten 0,17 mm) in den Abmessungen 20 × 50 mm verwendet. Dazu muß man eine größere Anzahl Deckgläser mit der Bügelmeßschraube durchmessen. Nur die geeigneten Gläser werden verwendet. Die Stärke des Deckglases hat neben der Klarheit des Agars entscheidenden Einfluß auf die Güte des mikroskopischen Bildes und damit auf Exaktheit und Leichtigkeit der mikrurgischen

Arbeit. Auf die geeigneten Deckgläser wird der verflüssigte Agar aufgetragen und zu einem dünnen Film ausgestrichen. Ein anderes Verfahren besteht darin, aus einer gleichmäßigen, etwa 1 mm starken erstarrten Agarschicht in einer Petrischale mit Hilfe des Skalpells ein ca. 20 × 50 mm großes Stück auszuschneiden und auf das Deckglas zu legen. In beiden Fällen sind Luftblasen im Agar zu vermeiden. Auf diesen Agarfilm kann nun das Objekt aufgetragen werden. In der Regel wird eine Zellsuspension mit Hilfe einer Öse in Form eines schmalen Impfstrichs parallel zum Deckglasrand aufgebracht (Abb. 14b). Dieses Präparat wird mit der Agarschicht nach unten an der Unterseite der Deckplatte einer sterilisierten feuchten Kammer mit etwas säurefreier Vaseline befestigt. Die Feuchtkammer kann mit der Schwalbe fest am Objektträger des Kreuztisches montiert werden und ist von beiden Seiten mit Öffnungen für das Einschieben der Werkzeuge versehen (Abb. 28). Nicht benutzte Öffnungen werden mit angefeuchtetem Zellstoff verschlossen, um ein Austrocknen des Präparates sowie Infektionen zu verhindern. Um über einen größeren Arbeitsbereich am Präparat zu verfügen, kann man sich von einem Mechaniker die obere Öffnung an der handelsüblichen Feuchtkammer erweitern lassen. Zweckmäßig ist eine Öffnung im Format 20 × 35 mm. Von manchen Autoren werden speziell angefertigte Kammern verwendet.

6.3. *Isolierung vegetativer Zellen*

Vor Inangriffnahme anspruchsvoller mikrurgischer Eingriffe ist es zweckmäßig, ein Training an vegetativen Hefezellen vorzunehmen. Außerdem sollte man sich um günstige optische Bedingungen bemühen. Um eine ausreichende Beleuchtung des Objektes bei Verwendung der Feuchtkammer zu gewährleisten, wurde ein spezieller Präparierwechselkondensor entwickelt. Dieser erlaubt bei einer Hellfeldbeleuchtung mit einem 16er oder 20er, im günstigsten Fall mit dem 40er Objektiv zu manipulieren.

Für die Separation von Einzelzellen sind folgende Schritte erforderlich:

- Herstellung des Präparates, Auftragen der Suspension.
- Montage des Präparates am Objekttisch.
- Montage des Glasgerätes und Einführen in die Kammer.
- Suche bzw. Auswahl des Objektes durch Betätigen der Triebknöpfe am Kreuztisch sowie Scharfeinstellung durch Bedienen der koaxialen Triebknöpfe.
- Einführen der Spitze des Werkzeugs in den Strahlengang und visuelles Heranführen (1–2 mm Abstand) von unten an das Agarpräparat.
- Suche der Gerätespitze mit dem Mikroskop und seine weitere vorsichtige Bewegung in Richtung Objekt durch wechselweise Scharfeinstellung von Gerätespitze und Objekt.

- Ist bei der Scharfeinstellung des Objektes gleichzeitig die Gerätespitze erkennbar, erfolgt vorsichtiges Manipulieren mit dem Gerät.
- Wenn die ausgewählte Zelle an der Nadelspitze haftet, wird diese abgesenkt und vom Objekt, in einem Abstand von 5–10 mm erneut angehoben und die Zelle auf dem Agar abgesetzt.
- Markierung der Lokalisation der Zelle mittels Faserschreiber oder Tusche.
- Absenken des Gerätes und Wiederholen des Vorgangs.

Die Operationen sind auf Abb. 28 schematisch dargestellt. Wenn eine ausreichende Anzahl von Zellen isoliert wurde, wird das Präparat aus der Feuchtkammer entnommen und in eine sterile Petrischale gelegt. Mit Hilfe einer in absolutem Alkohol desinfizierten Rasierklinge wird ein kleiner Agarblock, auf dem sich die isolierten Zellen befinden, ausgeschnitten und vorsichtig mit einem keimfrei gemachten Skalpell auf die Oberfläche eines Nähragars, der sich in einer Petrischale befindet, gelegt und darauf im Brutschrank inkubiert. Es erfolgt eine tägliche Kontrolle. Sind die Kolonien soweit herangewachsen, daß sie einen Durchmesser von 1–2 mm erreicht haben, werden sie vorsichtig mit der Spitze eines ausgeglühten Platindrahtes abgeimpft und zur weiteren Vermehrung auf Schrägagar oder einen Nährboden in einer Petrischale gebracht. Die etwas kompliziertere Isolierung von Ascosporen wird auf S. **144** beschrieben.

Literatur

Otto, L., (1958/59): Der Gleitmikromanipulator. VEB Carl Zeiss Jena – Nachrichten 8, 249–262.

Sherman, F., (1975): Use of micromanipulators in yeast studies. In: Methods in Cell Biol. (Ed. D. M. Prescott) vol. XI, Academic Press New York–San Francisco–London.

Sherman, F., (1973): Micromanipulator for yeast genetic studies. Appl. Microbiol. **26**, 829.

7. Mikroautoradiografie

Seit ihrer Einführung in die Biologie, insbesondere in die Biochemie, Zell- und Molekularbiologie hat die Anwendung radioaktiver Isotope zur Aufklärung vieler anabolischer und katabolischer Reaktionen, der Dynamik der Stoffaufnahme, von Transportmechanismen, zur sicheren Trennung von Makromolekülen sowie zur Lösung anderer Probleme beigetragen. Radionuklide sind heute aus der molekularbiologischen Forschung nicht mehr wegzudenken. Sie stellen eine Art Sonde dar, deren Signale in Form der ionisierenden Strahlung registriert, vor allem aber lokalisiert werden können. Die Lokalisierung dieser Strahlen mit Hilfe einer Fotoemulsion und ihre Zuordnung zu zellulären Strukturen — bei mikroskopisch kleinen Objekten als Mikroautoradiografie bezeichnet — erschloß neue Möglichkeiten zur Aufklärung funktionell-struktureller Beziehungen. In der Zellbiologie kann entweder die lichtmikroskopische Autoradiografie oder die elektronenmikroskopische (hochauflösende) Autoradiografie Anwendung finden. Welches der beiden Verfahren eingesetzt wird, hängt von den Anforderungen an die Genauigkeit sowie von verschiedenen Voraussetzungen ab. Zur Lokalisierung der Strahlungsquelle werden Gewebe, ganze Zellen oder von ihnen hergestellte Dünnschnitte in einen möglichst engen Kontakt mit einer Emulsion gebracht. Diese besteht aus Silberhalogenidkristallen, die in Gelatine eingebettet sind. Die beim radioaktiven Zerfall des in die Zelle eingebauten Nuklids emittierten ionisierenden Teilchen durchqueren die Kernemulsion. Dabei entstehen in den getroffenen Silberhalogenidkristallen latente Bilder, die beim nachfolgenden Entwicklungsprozeß zu Silberkörnern reduziert werden. Da die Detektorschicht eng auf das Objekt aufgelagert ist, lassen sich die beim Entwickeln entstandenen Silberkörner bei mikroskopischer Betrachtung einer Zelle oder deren Strukturen zuordnen. Bei der lichtmikroskopischen Autoradiografie werden ganze Zellen nach Befestigung auf einem Objektträger mit einem Film oder Kernemulsion überzogen, die nach der Exposition entwickelt und mit Hilfe des Mikroskops ausgewertet werden. Die elektronenmikroskopische Autoradiografie erfordert dagegen die chemische Fixierung des Objekts, seine Einbettung in Kunstharze und die Herstellung von Ultradünnschnitten. Diese müssen anschließend mit einer Silber-Einkornschicht, die man mit Hilfe spezieller Techniken aus einer Kernemulsion herstellen muß, überzogen werden. Auch hier schließt sich — eine allerdings erheblich längere — Exposition, sowie ein entsprechendes Entwicklungsverfahren an. Die Auswertung erfolgt im Elektronenmikroskop. Da bei beiden Methoden der transparente Film nach allen Prozeduren auf dem Objekt verbleibt, lassen sich die darin entstandenen Silberkörner gleichzeitig mit der Zelle bzw. deren Strukturen darstellen. Die Aussagefähigkeit bezüglich der lokalen Zuordnung der Körner zu Zellstrukturen ist bei der elektronenmikroskopischen Autoradiografie größer. Eine quantitative Auswertung ist allerdings schwierig, da eine Reihe experimenteller Faktoren reproduzierbar gestaltet werden muß. Das stößt z. Z. auf außerordentliche Schwierigkeiten. Die Empfindlichkeit der Methode wird hauptsächlich durch die Energie des verwendeten Nuklids, die Geometrie des Objekts, die Korndichte in der Detektorschicht und den photografischen Prozeß beeinflußt. Die Voraussetzung für die Anwendung beider autoradiografischer Verfahren ist die Verfügbarkeit geeigneter radioaktiver Verbindungen, die Möglichkeit für das Arbeiten mit radioaktivem Material sowie eine Dunkelkammer. Die elektronenmikroskopische Autoradiografie erfordert zusätzlich das Vorhandensein eines Elektronenmikroskopes und die Beherrschung der elektronenmikroskopischen Präparationstechnik.

Auswahl der Radionuklide und Präkursoren

Die in autoradiografischen Untersuchungen eingesetzten bedeutendsten Nuklide sind Tritium (^{3}H), ^{14}C, ^{35}S und ^{32}P. Bei diesen Nukliden handelt es sich um β-Strahler mit recht unterschiedlicher β-Energie und damit unterschiedlicher Reichweite der β-Teilchen. Die nachfolgend dargestellten Eigenschaften sind für die Auswahl der Präkursoren wegen ihrer Bedeutung für das Auflösungsvermögen von Bedeutung.

Radioaktives Nuklid	mittlere β-Energie (KeV)	mittlere Reichweite der β-Teilchen in einer Emulsion (μm)
^{3}H	5,7	1
^{14}C	50	17
^{35}S	50	17
^{32}P	700	1000

Je geringer die β-Energie, um so höher ist das Auflösungsvermögen, d. h. die Zuordnung der Silberkörner zur Strahlungsquelle. Bei höheren Energien bzw. Reichweiten überlagern sich die Wirkungen auch weiter entfernter Strahlungsquellen und das Auflösungsvermögen wird geringer. Tritium ist auf Grund seiner niedrigen β-Energie daher für den Einsatz in der elektronenmikroskopischen Autoradiografie gut geeignet. Das Auflösungsvermögen kann bei Anwendung H^3-markierter Verbindungen sowie optimaler Gestaltung weiterer, bereits erwähnter Faktoren 0,1 μm betragen. Bei der lichtmikroskopischen Autoradiografie wird bei Verwendung des gleichen Nuklids ein Auflösungsvermögen von 0,5—1 μm erreicht. Bei energiereichen β-Strahlern ist das Auflösungsvermögen um das 3—5fache niedriger. Für die autoradiografische Markierung finden Präkursoren Verwendung, die als Bausteine für zelluläre Strukturen und Komponenten in Frage kommen. Zu ihnen zählen unter anderen Aminosäuren, Zucker, Purin- oder Pyrimidinbasen, Lipide usw. Leider gibt es nur wenig Verbindungen, die spezifisch in bestimmte Zellstrukturen eingebaut werden. Zu ihnen zählt das Thymidin, das als Nukleinsäurebaustein selektiv in die DNS inkorporiert wird und im Kern, gegebenenfalls in den Mitochondrien, mikroautoradiografisch nachweisbar ist. Aber hier gibt es bei den Pilzen und insbesondere den Hefen, Grenzen. Da diese Organismen keine Thymidinkinase besitzen, nehmen die Zellen das Thymidin zwar auf, verwenden es aber nicht zur DNS-Synthese, sondern verstoffwechseln es. Somit kann man mikroautoradiografisch im Kern dieser Organismen keine spezifische Lokalisation des markierten Thymidins nachweisen, vielmehr erfolgt eine völlig unspezifische Markierung der Zelle. Die Erzeugung thymidinbedürftiger Mutanten ist bei Hefen bisher fehlgeschlagen. Es gibt allerdings Hinweise für die Aufnahme von Thymidinmonophosphat in die DNS der Kerne und Mitochondrien bei Hefen.

Einbau des radioaktiven Präkursors

Es ist für autoradiografische Experimente stets von Vorteil, wenn entsprechende auxotrophe Mutanten zur Verfügung stehen, da in diesem Fall erheblich höhere Aktivitäten in die Zelle eingebaut werden als beim Wildtyp. Damit ist jedoch keinesfalls eine spezifische Markierung garantiert. Für die überwiegend einzelligen Hefen wird der radioaktive Präkursor meist in einer Submerskultur allein oder zusammen mit einem zu wählenden Anteil der gleichen inaktiven Verbindung angeboten. Wenn die Einbaurate nicht bekannt ist, muß sie in einem Vorversuch bestimmt werden. Für mikroautoradiografische Untersuchungen sollte eine hohe spezifische Aktivität gewählt werden, damit möglichst kurz exponiert werden kann. Vorteilhaft sind spezifische Aktivitäten von 740 kBq bis 3,7 MBq. Bei Pulsmarkierung erfolgt nach vorangehender inaktiver Inkubation der Einbau des Präkursors. Nach Abschluß der Inkubation wird abzentrifugiert und mindestens dreimal kurz mit inaktiver Lösung der gleichen Verbindung gewaschen. Die gewaschenen Zellen werden anschließend auf präparierte Objektträger für die Exposition gebracht bzw. für die Elektronenmikroskopie präpariert.

Für spezielle Untersuchungen, besonders bei mycelbildenden Kulturen, erfolgt die Kultur der Hefen zunächst auf Zellophan-Folie, die vorher in 90%igem Alkohol keimfrei gemacht wird und danach mit einer Pinzette auf inaktiven Nähragar gelegt wird. Auf dieser Folie können die Hefen auf das aktive Medium überführt und von dort nach der Inkubation wieder abgehoben werden. Nach Ablauf der Einbauzeit werden die Folien über mehrere Bäder mit inaktiver Nährlösung geführt und anschließend auf einem Objektträger zur Exposition vorbereitet. Leider haften Hefen meist sehr schlecht auf Folien.

7.1. Lichtmikroskopische Autoradiografie

Die Strippingfilm-Technik

Zum Nachweis und zur Lokalisation radioaktiv markierter Verbindungen in der lichtmikroskopischen Autoradiografie werden meist Strippingfilme eingesetzt. Es lassen sich aber auch Emulsionen zur Herstellung von Detektorschichten verwenden. Strippingfilme sind auf Glasplatten gegossene Gelatineschichten, auf denen sich die eigentliche Emulsionsschicht befindet. Die Stärke des Strippingfilms beträgt etwa 15 μm (Abb. 15). Dieser Film wird mit einem

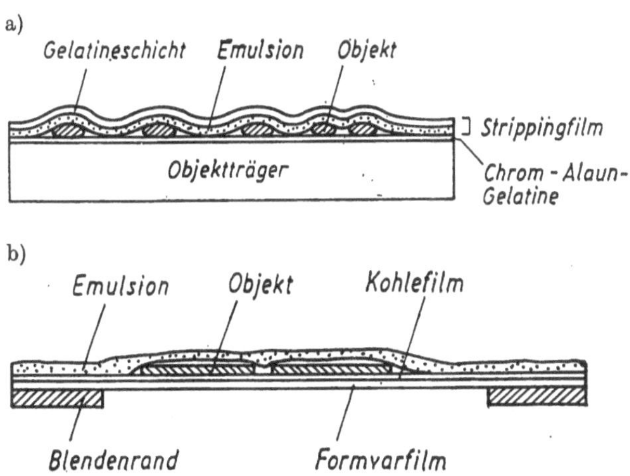

Abb. 15. Schematischer Querschnitt durch ein Strippingfilm-Präparat für die lichtmikroskopische Autoradiografie (a) bzw. durch ein Präparat für die elektronenmikroskopische Autoradiografie (b)

Messer oder einem Skalpell in der gewünschten Abmessung angeritzt, mit einer Pinzette von der Glasplatte abgezogen und mit der Emulsionsseite nach unten auf eine Wasseroberfläche und von dort auf den Objektträger gebracht. Alle Präparationsschritte sollten zunächst im Hellen trainiert werden.

Bedingungen:

Die Entnahme der Platten aus der Packung sowie die gesamte Präparation und Exposition erfolgt im Rotlicht bzw. im Dunkeln. Die im Kühlschrank gelagerten Platten werden an die Zimmertemperatur adaptiert. Die Luftfeuchtigkeit sollte etwa 60% und die Raumtemperatur 18–20 °C betragen.

Material:

Strippingfilm-Platten (AR 10/Kodak), kleine Foto-Entwicklerschale oder Glasschale, filtriertes (staubfreies) aqua dest., gebogene Pinzette, Messer oder Skalpell, Chromalaun-Gelatine-Objektträger (ORWO-Aufziehplatten), Expositionskammer aus Plaste, perforierte Glas- oder Plasteröhrchen mit $CaCl_2$ (trocken), Gestell für Objektträger.

Arbeitsablauf:

- Herstellung der mikroskopischen Präparate durch Ausstreichen der markierten Zellsuspension auf die Chromalaun-Gelatine-Objektträger, die in einem Gestell bereitgestellt werden.
- Füllen der Fotoschale mit aqua dest.
- Entnahme einer Strippingfilm-Platte. Die Platten sind stets zu zweit, mit der Glasseite zueinander, verpackt.
- Zurechtlegen der Platten mit der Schichtseite nach oben.
- Zurechtschneiden der Filme mit dem Skalpell. Es werden Filmstücke in den gewünschten Abmessungen, meist 3 × 4 cm angeritzt. Es verbleibt ein ca. 1 cm breiter Rand auf der Platte.
- Abziehen der Filmstücke mit einer Pinzette.
- Aufbringen der Film-Streifen mit der Oberseite (Emulsion) nach unten auf die Wasseroberfläche in der Schale.
- Quellen der Stripping-Filmstücke auf der Wasseroberfläche.
- Aufziehen des Films. Dazu schiebt man den Objektträger in einem Winkel von 30° unter den Film, orientiert letzteren gegebenenfalls mit einem Glasstab und hebt ihn langsam aus dem Wasser. Dabei legen sich evtl. überstehende Filmenden um den Objektträger.
- Trocknen der Präparate. Die in einem Gestell untergebrachten Präparate werden 12–15 Stunden staubfrei im Dunkeln getrocknet.
- Exponieren der Präparate. Die Objektträger werden in einem Gestell mit ausreichender Distanz voneinander in einer lichtundurchlässigen Plastebox untergebracht,

in der sich einige perforierte Röhrchen befinden. Diese werden mit einem Trockenmittel, z. B. $CaCl_2$, gefüllt und mit Mull umhüllt. Die Box wird bis zum Entwickeln bei 4 °C gelagert.

Färben:

Zur besseren Sichtbarmachung der Objekte ist vielfach ein Anfärben der Zellen unmittelbar nach dem Entwicklungsprozeß mit Toluidinblau vorteilhaft. Die noch feuchten Präparate werden dazu in 0,1%iger Toluidinblaulösung in Acetatpuffer (pH 4,0) im Verlaufe einer Stunde gefärbt und danach gewässert und getrocknet.

Entwicklung von Stripping-Filmen

1. Entwickler: Amidol. In 1 l aqua dest. werden gelöst: 4,5 g Amidol 18,0 g Natriumsulfit (sicc.), 8,0 ml Kaliumbromid-Lösung (10%ig).
2. Fixierbad: In 1 l aqua dest. werden 250 g Natriumsulfat (krist.) und 15 g Kaliumsulfit gelöst.

Entwicklung:

10 Min. mit leichter Schalenbewegung in dem 2:1 verdünnten obigen Entwickler, bei einer Temperatur von 18 °C.

Anstelle eines Unterbrecherbades: Kurzes Abspülen der Platten in gekühltem aqua dest. (10—14 °C).

Fixierung:

etwa 15 Min. in obigem Fixierbad, das bei +5 °C aus dem Kühlschrank genommen und in eine Schale mit Eis gesetzt wird. Dieses behält auch bei der Fixierung einer größeren Anzahl von Platten eine konstante Temperatur. Die Fixiertemperatur soll nicht über 14 °C ansteigen.

Wässerung in fließendem Leitungswasser, das auch in den Sommermonten bequem bei 12—14 °C zu halten ist, im Verlaufe von 60 Minuten.

Anmerkung:

Entwicklerlösung und Fixierbad werden nach dem Ansetzen filtriert und im Kühlschrank bei etwa +4 °C aufbewahrt. 1 l Fixierbad reicht für etwa 50 Stripping-Film-Platten 30 × 60 mm aus. Der Entwickler wird nach einmaliger Verwendung verworfen.

7.2. *Hochauflösende Autoradiografie*

Herstellung der Präparate

Nach Einbau des Nuklids werden die Hefen auf die gleiche Weise fixiert und eingebettet, wie dies bei der elektronenmikroskopischen Präparation erfolgt. Es ist dabei zu beachten, daß mit radioaktivem Material gearbeitet wird.

Nach dem Polymerisieren der in Gelatinekapseln eingeschlossenen Einbettungsmittel erfolgt die Herstellung der Ultradünnschnitte, die nach Möglichkeit lückenlos aufgefangen und auf Schlitzblenden übertragen werden sollen. Die Anfertigung von Serienschnitten macht sich im Interesse der Vermeidung von Fehlinterpretationen erforderlich, die dann entstehen, wenn die Markierung sehr schwach ist und die Lage und Zuordnung einzelner Silberkörner zu beurteilen ist. Treten diese Silberkörner auf den Schnittserien wiederholt an den gleichen Strukturen auf, ist eine Fehlinterpretation weniger wahrscheinlich. Schließlich muß man berücksichtigen, daß die Anwendung von Fixantien bzw. Lösungsmitteln bei der Entwässerung die Lokalisierung des Präkursors beeinflussen kann.

Herstellung von Silbereinkornschichten

Voraussetzung zum Nachweis der radioaktiven Strahlung eines Präparates mit Hilfe einer Kernemulsion ist eine lückenlose Einkornschicht aus Silberbromidkristallen, mit der das Präparat bedeckt sein muß. Da die Kernemulsion als Gel geliefert wird, muß sie für die Herstellung des Films zunächst aufgeschmolzen und verdünnt werden. Bevor man ein aktives Präparat damit beschichtet, sollte man zunächst auf formvarbefilmten Blenden ohne Objekt das Auftragen der Kernemulsion bei Tageslicht trainieren. Der Erfolg läßt sich unmittelbar nach kurzer Trocknung im Licht- bzw. Elektronenmikroskop überprüfen. Von verschiedenen Verfahren, die zur Herstellung von Detektorschichten für die hochauflösende Autoradiografie angewandt werden (Aufzentrifugieren, Schleifenmethode u. a.), ist die Methode nach Lettré (in Anlehnung an Haase und Jung) unter Anwendung einer Drahtschleife am einfachsten und sichersten. Alle nachfolgend dargestellten Schritte sind bei dunklem Rotlicht und möglichst staubfreien Bedingungen auszuführen.

Material:

Kernemulsion L_4 (Ilford, UK) oder ORWO K-6, Platinschleife (⌀ 15 × 30 mm), Wasserbad (30 °C bzw. 50 °C), Bechergläser, Thermometer, Schlitz- oder Netzblenden, die mit kohlebedampften Formvar- oder Zaponlackfilmen bedeckt sind, Behälter für Elmi-Blenden, Stativ zum Auflegen der Blenden.

Arbeitsbedingungen:

Dunkelkammer/dunkler Raum mit Foto-Rotlicht.

Arbeitsablauf:

1\. Tag: Man entnimmt der Flasche eine etwa 5 oder 10 ml entsprechende Menge des Gels und schmilzt sie in einem kleinen Becherglas im Wasserbad bei 50 °C auf. Die verflüssigte Emulsion ist mit aqua dest. (gleiche Temperatur) im Verhältnis

1 : 2 zu verdünnen und nach gründlichem Durchmischen in einem lichtundurchlässigen Behälter über Nacht im Kühlschrank aufzubewahren. Diese Lagerung fördert den Geliervorgang und eine homogene Kornverteilung.

2. Tag: Die verdünnte Emulsion wird erneut bei 50 °C aufgeschmolzen und danach auf 30 °C abgekühlt. Die Platinschleife taucht man nun horizontal in die Emulsion ein, hebt sie heraus und bringt sie in eine vertikale Stellung. Im Rotlicht der Fotolampe erkennt man nach vorangegangenem Training im Hellen das Erscheinen von Interferenzstreifen. Die goldene Interferenzzone enthält die geeignete Kornpackung. Diese Zone, die nur wenige mm im Durchmesser erreicht, ist auf die Schlitzblende aufzutragen. Dies wird durch Absenken der Drahtschleife auf die Blende erreicht, die sich auf einem speziellen Stativ befindet (Abb. 16). Nach dem Haften des Films wird die Blende angehaucht. Dadurch legt sich der Film eng an Blende und Objekt an. Bei etwa 30 °C ist der Film in wenigen Minuten trocken. Im Elektronenmikroskop kann man unmittelbar darauf die Qualität der Einkornschicht auf einem Kontrollpräparat überprüfen. Bei richtiger Ausführung dieser Arbeit erhält man Einkornschichten, wie sie auf Abb. 17. dargestellt sind.

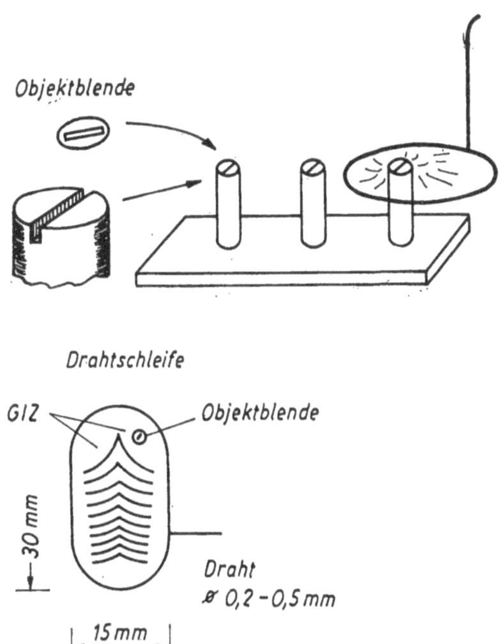

Abb. 16. Schematische Darstellung der Beschichtung von Objektblenden mit der Kernemulsion L 4 mit Hilfe einer Drahtschleife. GIZ — Goldene Interferenzzone.

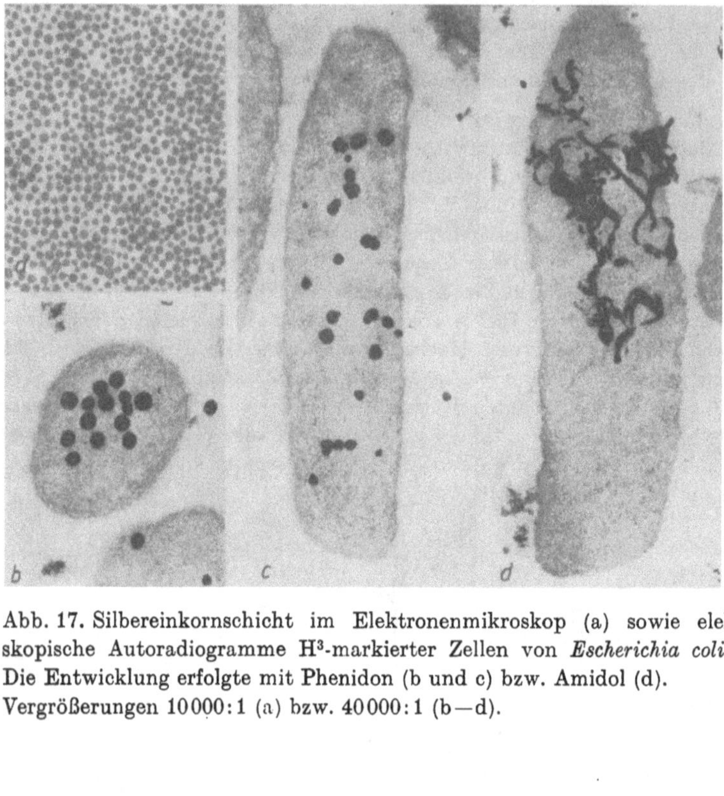

Abb. 17. Silbereinkornschicht im Elektronenmikroskop (a) sowie elektronenmikroskopische Autoradiogramme H^3-markierter Zellen von *Escherichia coli* K 12 (b—d). Die Entwicklung erfolgte mit Phenidon (b und c) bzw. Amidol (d). Vergrößerungen 10000:1 (a) bzw. 40000:1 (b—d).

Exponieren der Präparate

Die mit der Kernemulsion beschichteten Blenden werden der Reihe nach geordnet auf Selbstklebeband, das auf Objektträger aufgespannt ist, festgeheftet. Noch besser ist eine Ablage der Blenden in speziellen Behältern von LKB oder selbstgefertigten Plastebehältern, um eine Beschädigung sowie Verwechslungen zu vermeiden. Die Objektträger bzw. Plastekammern werden nun in lichtundurchlässige Plasteboxen gelegt, in denen sich Röhrchen mit $CaCl_2$ als Trockenmittel befinden. Diese Boxen können im Exsiccator, der mit Stickstoff gefüllt wird und im Trockenraum noch zusätzlich CaC_2 oder ein anderes Trockenmittel enthält, zur Exposition bei +4 °C oder auch bei Zimmertemperatur aufbewahrt werden. Die Expositionsdauer kann je nach Aktivität der Präparate 2—12 Wochen betragen. Es ist zweckmäßig, alle 14 Tage einige Blenden zu entwickeln. Eine Orientierung dafür kann das Entwickeln der lichtmikroskopischen Kontrollen geben.

Kontrollpräparate

Folgende Kontrollpräparate sind anzufertigen

- Blenden ohne Objekt, mit Einkornschicht überzogen (Filmqualität)
- Blenden mit inaktiven Objektschnitten, mit Emulsion überzogen (Schleierkornkontrolle)
- Objektträger für die lichtmikroskopische Kontrolle sowie zur Orientierung bezüglich der notwendigen Expositionsdauer (Objekt mit Strippingfilm überzogen).

Das Entwickeln der Präparate

Es können verschiedene Entwickler verwendet werden.

Chemischer Entwickler: Amidol (1000 ml)

9,0 g Amidol
13,5 g Natriumsulfit (Sicc.)
8,0 ml einer 10%igen Kaliumbromid-Lösung
35,0 g Borsäure

Entwicklungszeit: 30 Sekunden

Physikalische Entwickler:

1) Paraphenylendiamin.

Natriumsulfit (1 M) wird zuerst in warmen (50 °C) aqua dest. gelöst, danach wird Paraphenylendiamin (0,1 M) zugesetzt. Entwicklungszeit: 1 Minute bei 20 °C.

2) Penidon-Entwickler.

Als Phenidon wird ein physikalischer Entwickler der Fa. Geigy (Basel) bezeichnet, der sehr kleine Silberkörner ergibt.

Ansatz: (Erfolgt erst kurz vor Gebrauch)

75 ml	aqua dest.
1,5 g	Ascorbinsäure
1,25 g	Phenidon
0,6 g	Kaliumbromid
1,3 g	Kaliumcarbonat
20 g	Natriumsulfit
6 g	Kaliumthiocyanat

Auffüllen auf 100 ml.

Entwicklungszeit: 2 Minuten

Zwischenbad:

2%ige Essigsäure
Dauer: 20 Sekunden

Fixierbad:

20% Natriumthiosulfat
2,5% Kaliummetabisulfit
Fixierdauer: 15 Minuten

Aussage- und Fehlermöglichkeiten von Autoradiogrammen

Autoradiogramme vermitteln einen topografischen Überblick über die Lage inkorporierter radioaktiver Verbindungen. Unter gewissen Voraussetzungen geben sie auch Auskunft über die quantitative Verteilung der Aktivität. Für qualitative Aussagen sind die Fehlermöglichkeiten abzuschätzen, um Fehlinterpretationen zu vermeiden. Fehler können entstehen durch einen hohen Grundschleier, durch die Verwendung löslicher Verbindungen, die Verschiebung des Films während der Präparation u. a. m. Zur Bestimmung des Grundschleiers, d. h. nicht durch die Strahlung entstandene Schwärzungen, müssen Kontrollpräparate ohne Objekt bzw. nicht markiertes Objekt als Blindwerte angesetzt werden. Der Blindwert muß so niedrig wie möglich liegen, was durch Anwendung frischer Emulsionen und Beachtung der erwähnten Bedingungen zu erreichen ist. Bei der elektronenmikroskopischen Autoradiografie ist die Anwendung der Serien-Schnitt-Technik von großem Vorteil. Das gilt insbesondere für schwach markierte Präparate, wo nur vereinzelte Silberkörner entstehen. Mit Hilfe von Serienschnitten läßt sich durch das wiederholte Auftreten einer Markierung an identischen Bereichen oder Strukturen eine Aussage absichern. Für die Auswertung von Autoradiogrammen ist die Reproduzierbarkeit der erhaltenen Daten wesentlich, d. h., zufällige Markierungen müssen möglichst diskriminiert werden. Bezogen auf ein einzelnes Korn ist dies nicht möglich. Daher muß stets eine größere Zahl an Silberkörnern, die möglichst streng lokalisiert ist, angestrebt werden, bzw. ausgewertet werden. Das direkte visuelle Auszählen oder die photometrische Erfassung der Silberkörner, die auf einer willkürlichen, vom Objekt begrenzten oder gewählten Fläche, z. B. 100 μm^2 vorhanden sind, ermöglicht quantitative Aussagen. Komplizierter ist die Aussage, ob bestimmte Silberkörner einer Struktur (Strahlenquelle) zuzuordnen sind oder nicht. Obwohl es Richtwerte zum Auflösungsvermögen unter definierten optimalen Bedingungen gibt, ist das ohne eingehende Berechnungen nicht ohne weiteres möglich. So ermöglicht die elektronenmikroskopische Autoradiografie im günstigen Fall die Auflösung von zwei Strahlenquellen im Abstand von etwa 0,1 μm, die lichtmikroskopische Autoradiographie unter optimalen Bedingungen bei energiearmen Strahlern 0,5—1,0 μm. Daraus wird deutlich, daß die Aussagen von begrenztem Wert sein können, wenn es um die Lokalisation von Precursoren in eng benachbarten Strukturen wie Wand/periplasmatischer Raum/Cytoplasmamembran oder Mitochondrienmatrix/Cristae geht. Vor der Planung radiobiologischer Experimente sollten aber die realen Aussichten einer Aussage abgeschätzt werden, um nicht übertriebenen Hoffnungen und falschen Vorstellungen Raum zu geben.

Literatur

FISCHER, H. A., und G. WERNER (1971): Autoradiografie, W. de Gruyter & Co., Berlin.

AMLACHER, E., (1974): Autoradiografie in Histologie und Zytologie. VEB G. Thieme Verlag Leipzig.

CARO, L. G., (1964): High resolution autoradiografie. In: Methods in Cell Physiology (Ed. D. M. PRESCOTT) Vol. **I.** Academic Press, New York, London.

BRENDEL, M., and R. H. HAYNES (1972): Kinetics and genetic control of the incorporation of thymidine monophosphate in yeast DNA. Mol. Gen. Genet. **117**, 39.

PERRY, R. P., (1964): Quantitative Autoradiografy. In: Methods in Cell Physiology (Ed. D. M. PRESCOTT) Vol. **I.** Academic Press, New York, London.

8. Gewinnung und Erhaltung von Protoplasten

Mittels lytischer Enzyme aus dem Magendarmsaft der Weinbergschnecke sowie von verschiedenen Mikroorganismen läßt sich die Zellwand bei Hefen partiell oder total entfernen. Dabei entstehen osmotisch labile sphärische Gebilde, die als Protoplasten (PPL) bezeichnete werden (Abb. 18). Besitzen Protoplasten noch morphologisch nachweisbare Reste der Zellwand an ihrer Oberfläche, dann werden sie als Sphäroplasten bezeichnet. Durch den Angriff der lytischen

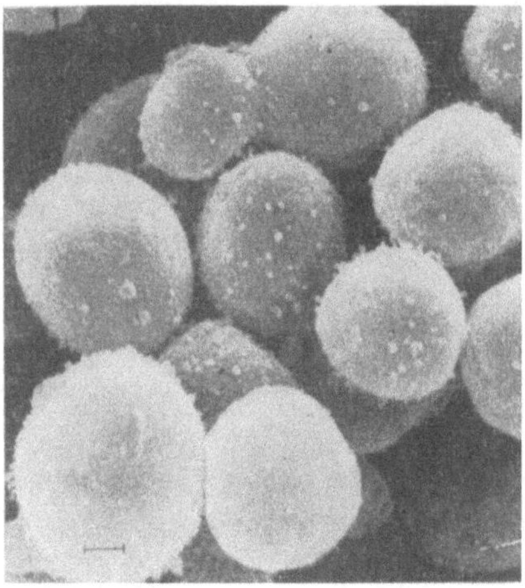

Abb. 18. Protoplasten von *Saccharomycopsis lipolytica*, Rasterelektronenmikroskopische Aufnahme. Maßstab 1 μm.

Enzyme wird die Wand der Hefezelle partiell verdaut. Meistens schlüpft an diesen Stellen der Protoplast, der nur von der Cytoplasmamembran umgeben ist, aus der ihn bisher fest umschließenden, schützenden Wand und nimmt eine sphärische Form an. Der Modus der Protoplastenfreisetzung wird in hohem Maße durch die Wirkungsweise des verwendeten Enzyms bestimmt.

Protoplasten sind günstige zelluläre Systeme zur Untersuchung der Biosynthese von Makromolekülen, z. B. von Wandmaterial, Proteinen und Nukleinsäuren; sie erleichtern vor allem den Zugang zur Untersuchung verschiedener Zellorganellen. Aus Hefe-Protoplasten lassen sich Fraktionen intakter Kerne, Mitochondrien, Vakuolen sowie Microbodies isolieren. Auf diese Weise erfolgt eine erheblich schonendere Gewinnung dieser Organellen als dies auf mechanischem Wege, z. B. durch Homogenisieren oder Ultraschallbehandlung, möglich ist. Darüber hinaus eröffnen Protoplasten neue Möglichkeiten für genetische Experimente (Protoplastenfusion, Transformation usw.). Die Fähigkeit zur Protoplastenbildung ist von Stamm zu Stamm unterschiedlich und von der Wachstumsphase sowie der Art der Vorkultur abhängig. Besonders geeignet sind Hefen aus der exponentiellen Wachstumsphase (14—16 h) in flüssigem YEP-G- oder Sabouraud-Medium nach vorangegangener zweifacher Passage auf YEP-G Schrägagar. Letztere ist besonders nach längerer Lagerung erforderlich. Bei Kulturen die älter als 24 h sind, ist die Protoplastenausbeute sehr gering. Die freigesetzten Protoplasten bleiben nur unter geeigneten osmotischen Bedingungen lebensfähig. Günstige osmotische Stabilisatoren sind vor allem Lösungen von Sorbit, Mannit, Saccharose, Lactose, KCl, $CaCl_2$, NaCl und $MgSO_4$. Ein Gradmesser für den physiologischen Zustand der Protoplasten ist ihre Fähigkeit zur Regeneration (auch als Reversion bezeichnet), d. h. zur Resynthese der Zellwand und damit zur Wiederherstellung der zellulären Integrität. Die Rückbildung der Zellwand wird erkennbar durch Änderung des phasenoptischen Verhaltens der Protoplasten, das Auftreten knospender Zellen sowie die Koloniebildung. Die Regeneration von Protoplasten zu intakten Zellen erfordert in Abhängigkeit von der Hefespecies unterschiedliche Bedingungen. So regenerieren Protoplasten einiger *Candida*-Arten sowie von *Saccharomycopsis lipolytica* leicht auf der Agaroberfläche, auf der sie ausplattiert werden. Im Unterschied dazu bevorzugen Protoplasten von *Saccharomy cescerevisiae* eine Überschichtung mit dem Gel. Sie können aber auch in den Agar eingegossen werden. Grundbedingung ist in jedem Fall die osmotische Stabilisierung dieser Medien. Weniger anspruchsvoll sind regenerierende Protoplasten offenbar bezüglich ihres Nährstoffbedarfs. So kann die Rückkehr zur kompletten Zellform bei Protoplasten einiger Hefen sogar in Abwesenheit jeglicher C-Quelle erfolgen.

Für Experimente mit Protoplasten werden diese nach ihrer Freisetzung in osmotisch stabilisierten Pufferlösungen gewaschen und durch schonendes Zentrifugieren von den Zellwänden und Zelltrümmern abgetrennt. Die Protoplasten erweisen sich unter diesen Bedingungen stabil und für verschiedene Manipulationen zugängig. Unter osmotischer Stabilisierung lassen sie sich im Kühlschrank längere Zeit erhalten, wobei allerdings die Regenerationsfähigkeit und damit die Überlebensraten zurückgehen.

8.1. Gewinnung von Schneckenenzym

Schneckenenzym ist ein Enzymgemisch, das aus dem Magen-Darm-Trakt der Weinbergschnecke gewonnen wird. Es enthält vor allem Glucuronidase, Glucanasen, Mannasen, Proteinasen, Zellulasen, Sulfatasen, Chitinasen und eine Reihe weiterer Enzyme und wird in ungereinigter Form oder partiell gereinigt verwendet. Im Handel wird gereinigtes Schneckenenzym unter der Bezeichnung Glusulase (Endo Laboratories, New York) oder Helicase (Industr. Biol. Francaise) angeboten. Es wird in der Hefeforschung wegen seiner Fähigkeit zum Abbau der Zellwand vielfältig eingesetzt. Seine lytische Wirkung erleichtert die Isolierung von Ascosporen, vor allem wird es jedoch zur Freisetzung von Protoplasten bei Pilzen verwendet. Ein ml der Glusulaseenzymlösung entspricht etwa 0,1 g des gefriergetrockneten Enzymgemisches.

Sammeln und Vorbereiten der Schnecken

Für die Gewinnung von Schneckenenzym werden Weinbergschnecken gesammelt (Absprache mit dem Naturschutz treffen!) oder aus entsprechenden Sammelstellen bezogen. Ein günstiger Zeitpunkt für das Sammeln ist Anfang Mai, besonders nach warmen Regenfällen. Weinbergschnecken sind in Gebieten mit Kalksteinhängen verbreitet, vor allem auf mit Brennesseln und Büschen bewachsenen Geröllhalden, Mülldeponien, Gräben usw. Ausgewachsene Schnecken werden gesammelt und in Gaze-Kisten 2—3 Tage an einem schattigen Standort ohne Futterzusatz aufbewahrt, damit es zur Entleerung des Magen-Darm-Traktes kommt. Vor dem Schlachten der Schnecken werden diese gründlich in lauwarmem Wasser gewaschen.

Entnahme des Magen-Darm-Saftes

Die Schnecke wird mit der linken Hand am Gehäuse angefaßt und mit dem Fuß auf Filterpapier gesetzt. Mit einem kleinen Hammer wird eine Öffnung in den oberen Teil der breiten Gehäusewindung geschlagen (Abb. 19) und die Splitter mit der Pinzette beseitigt. Mit einer stumpfen Pinzette wird der Eingeweidesack durchstoßen und der Magen-Darm-Trakt, der an seiner dunkelbraunen Füllung gut zu erkennen ist, herausgezogen. Man kann den Eingeweidesack aber auch mit der Schere aufschneiden. Dabei quillt der Magen-Darm-Trakt heraus, kann mit der Pinzette erfaßt und entleert werden. Die bräunliche Flüssigkeit wird in einem Becherglas gesammelt. Diese Operationen sind schnell vorzunehmen, da sich sonst die Schnecke zusammenzieht und es dadurch schwierig ist, den Magen-Darm-Trakt zu finden.

Reinigung und Aufbewahrung des Schneckenenzyms

Der gesammelte Saft wird zunächst von festen Bestandteilen befreit, indem man ihn durch Mull filtriert. Zum Nachspülen wird aqua dest. verwendet. Anschließend kann er zur weiteren Reinigung über Nacht bei 4 °C gegen Wasser dialysiert und danach durch ein G-5-Ganzglasfilter gesaugt werden, um ein

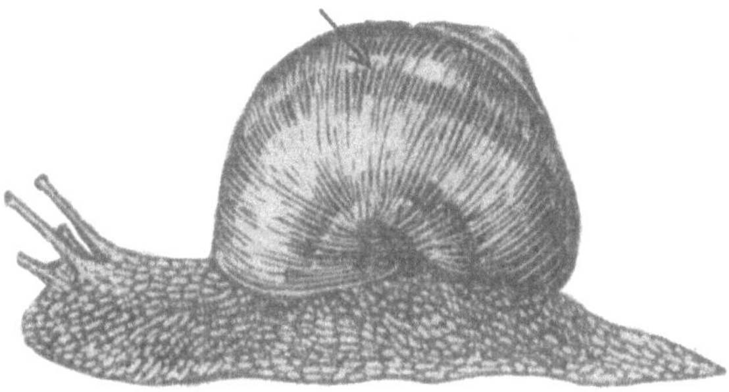

Abb. 19. Weinbergschnecke *Helix pomatia* (Schema). An der mit dem Pfeil gekennzeichneten Stelle wird zur Entnahme des Magen-Darm-Saftes eine Öffnung in das Schneckenhaus geschlagen.

steriles Präparat zu erhalten. Es hat sich jedoch erwiesen, daß bei Verwendung von Schneckenenzym, das nicht steril filtriert wurde, keinerlei Infektionen in den Protoplastensuspensionen bzw. regenerierten Hefekulturen auftraten. Das so gereinigte Enzymgemisch wird lyophilisiert und in Weithalsflaschen im Kühlschrank aufbewahrt. Eine Lagerung des Enzyms im flüssigen Zustand im Kühlschrank (2—8 °C) ist möglich. Die Aufbewahrung im eingefrorenen Zustand wird nicht empfohlen, da hierbei größere Aktivitätsverluste auftreten.

Aktivitätsbestimmung

Es ist zweckmäßig, nach der Isolierung eine Aktivitätsbestimmung des Enzyms vorzunehmen, um einen späteren Aktivitätsabfall zu erkennen bzw. die für die Protoplastenfreisetzung erforderliche Menge zu bestimmen. Die Ermittlung der Aktivität (Verhältnis der Anzahl Protoplasten zu intakten Zellen) erfolgt an einem Standardstamm unter gleichen Bedingungen (Enzymeinwaage, Hefefeuchtgewicht).

8.2. Gewinnung von Protoplasten

a) Die Vorbereitung der Hefen

20 ml eines Vollmediums (YEP-G, Sabouraud) werden in einer 50-ml-Steilbrustflasche mit 1—2 Ösen Hefematerial von Schrägagar beimpft und ca.

12—16 Stunden bei 28 °C geschüttelt. Danach werden die Hefen geerntet und zweimal mit destilliertem Wasser gewaschen. Das zweite Waschen erfolgt in einem Zentrifugenröhrchen, dessen Gewicht vorher bestimmt wurde, um anschließend das Feuchtgewicht der Hefen zu ermitteln. Es werden grundsätzlich Hefen aus der exponentiellen Phase verwendet, um innerhalb 30 Minuten einen möglichst hohen Anteil an Protoplasten zu erhalten.

Erforderliche Lösungen

1. Präparationsmedium (Phosphat-Citrat-Puffer nach Mc Ilvaine)
Na_2HPO_4 — 22,44 g, $(NH_4)_2SO_4$ — 73,80 g
Auffüllen mit aqua dest. auf 1000 ml, mit Zitronensäure pH 6,0 einstellen.

2. Tris-EDTA-Lösung (100 mM)
Es werden 2,42 g Tris und 7,45 g EDTA in aqua dest. gelöst und danach auf 200 ml aufgefüllt. Der pH-Wert von 8,0 wird mit KOH eingestellt.

3. Tris-HCl-Puffer
4,85 g Tris in aqua dest. lösen, auf 200 ml auffüllen und mit 1 n HCl pH 9,2 einstellen.

4. 2-Mercaptoäthanol-Lösung
2 μl Mercaptoäthanollösung werden in 50 ml Tris-EDTA-Lösung verrührt.

5. L-Cystein-Lösung
0,175 g L-Cystein werden in 10 ml Tris-HCl-Puffer gelöst

6. Sorbitlösung (1,4 M)
25,51 g Sorbit in aqua dest. lösen und auf 100 ml auffüllen.

7. Enzymlösung
Zu 50 ml Präparationsmedium wird lyophilisiertes Schneckenenzym in einer Menge zugesetzt, die 160 mg Enzym/1 g Hefe-Feuchtgewicht entspricht.

Osmotische Stabilisierung

Infolge der hohen osmotischen Sensibilität der Protoplasten müssen alle Lösungen für die Isolierung, zum Waschen und Manipulieren, ebenso die Regenerationsmedien usw. osmotisch stabilisiert werden. Derartige Medien sind nachfolgend mit den Buchstaben OS gekennzeichnet (z. B. OS YEP-G). Als Stabilisatoren kommen nicht verwertbare Zucker und anorganische Salze in Frage.

Sorbit	1,4 M	(25,51 g/100 ml)
Mannit	0,8 M	(14,57 g/100 ml)
KCl	0,6 M	(4,47 g/100 ml)
$CaCl_2$	0,4 M	(4,44 g/100 ml
$(NH_4)_2SO_4$	0,8 M	(10,57 g/100 ml)

Besonders bewährt hat sich die Anwendung von Sorbit. Während bei der Freisetzung der Protoplasten die Art des Stabilisators bedeutungslos zu sein scheint, ist es für ihre Regeneration durchaus nicht ohne Belang, welcher Stabilisator verwendet wird. Bei *Candida*-Arten und Saccharomyceten werden günstigere Regenerationsraten erzielt, wenn 1,4 M Sorbit zur Stabilisierung verwendet wird.

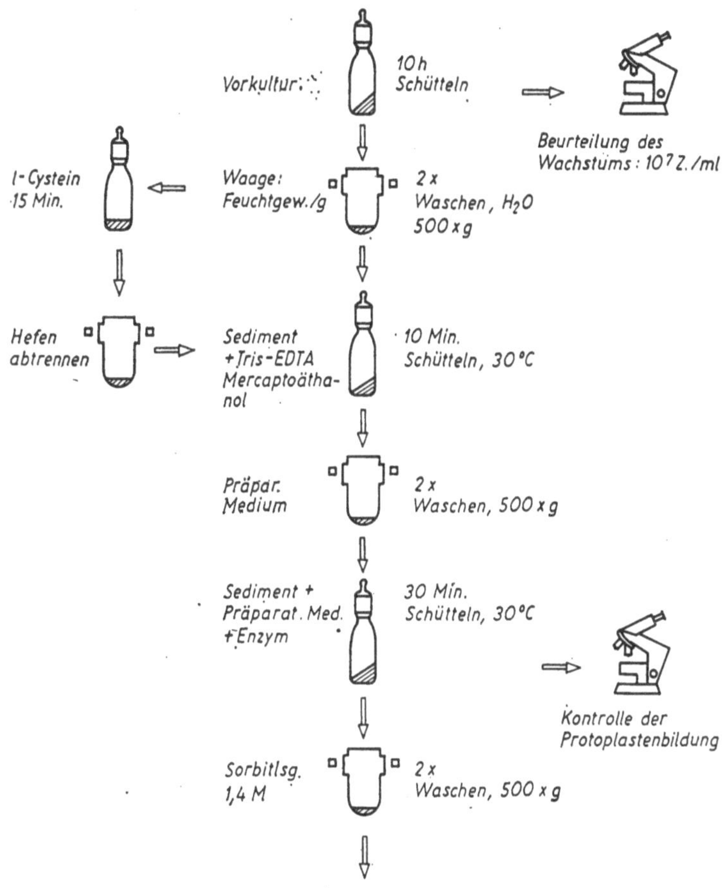

Abb. 20. Protoplastenherstellung (Schema).

b) Die Freisetzung der Protoplasten

Wie aus der schematischen Darstellung (Abb. 20) ersichtlich ist, werden die gewaschenen Hefen (1 g Feuchtgewicht) 10 Minuten in 10 ml 2-Mercaptoäthanol-Lösung bei 28 °C vorbehandelt, abzentrifugiert und nach zweimaligem Waschen in 18 ml Präparationsmedium mit Schneckenenzym verrührt. In einer 50-ml-Steilbrustflasche wird diese Suspension ca. 30 Minuten bei 28 °C sanft geschüttelt. Danach entnimmt man eine Probe, die unter dem Mikroskop auf die Anwesenheit von Protoplasten untersucht wird. Das Ende der Enzymbehandlung, d. h. die möglichst hohe Umwandlung der Hefen in Protoplasten, wird nach mikroskopischer Kontrolle bestimmt. In der Regel sollten sich im Verlaufe von 30 Minuten mindestens 80—90% der Hefezellen in Protoplasten umwandeln. Im Phasenkontrast lassen sich die hell leuchtenden sphärischen Protoplasten gut von den ovalen Hefezellen sowie den dunkel erscheinenden deformierten leeren Wandhüllen unterscheiden. Bei unzureichender Protoplastenausbeute kann eine Variation der Behandlungszeit erforderlich sein. Weiterhin muß möglicherweise die vorbereitende Präparation der Hefen mit Thiolverbindungen verändert werden. So kann die Behandlung in der Mercaptoäthanol-Lösung nicht ausreichen und eine zusätzliche Inkubation in der L-Cystein-Lösung notwendig sein (Abb. 20).

Die gewonnenen Protoplasten werden durch zweimaliges Waschen in 1,4 M Sorbit oder 0,4 M $CaCl_2$ und Zentrifugieren bei 500 xg weitgehend von den Zellwänden abgetrennt.

c) Bestimmung der Protoplastenausbeute

Der Bestimmung des Grades der Protoplastenausbeute liegt die osmotische Fragilität der Protoplasten zugrunde. Durch direkte Bestimmung des Anteils der intakten Hefezellen (1) oder der aus diesen auf einem nicht stabilisierten Medium bzw. nach Schock-Lyse der Protoplasten entstandenen Kolonien (2) läßt sich der Prozentsatz der in Protoplasten umgewandelten Hefen ermitteln.

1. Bestimmung der Protoplasten in der Zählkammer

Material und Medien:

THOMA-Zählkammer, 1,4 M Sorbit oder 0,4 M $CaCl_2$-Lösung, Reagenzgläser und Pipetten.

Arbeitsablauf:

Der Hefe-Protoplastensuspension wird eine Probe entnommen, 2—3 geeignete Verdünnungsstufen (10^{-3} bis 10^{-6}) in 1,4 M Sorbit oder 0,4 M $CaCl_2$ hergestellt und davon die für das Auszählen in der THOMA-Zählkammer günstigste Konzentration ausgewählt. Parallel dazu wird das Gleiche wiederholt mit dem Unterschied, daß die im günstigen Zählbereich liegende Verdünnung nicht mit Sorbitlösung, sondern mit aqua dest. vorgenommen wird.

Wenn nun mit beiden Chargen (Verdünnung mit Sorbit oder $CaCl_2$ sowie Verdünnung mit aqua dest.) die THOMA-Kammer gefüllt wird, stellen wir fest, daß im ersten Fall Protoplasten und einige intakte Hefezellen nachweisbar sind, während in der zweiten Probe nur vereinzelt intakte Hefen gefunden werden können. Die Verdünnung mit aqua dest. resultiert in einer drastischen Veränderung der Osmolarität, was zum osmotischen Schock und zum Platzen der Protoplasten geführt hat. Somit können in dieser Probe nur intakte Hefen (NH) erfaßt werden, während in der Kontrolle (Sorbit, $CaCl_2$) sowohl Protoplasten als auch intakte Hefen (N_p + NH) gezählt werden. Beide Kammern werden nun mit dreifacher Wiederholung ausgezählt.

Das Verhältnis der nach der sogenannten Schock-Lyse erhaltenen Zellen zur Kontrolle ergibt den Anteil der gebildeten Protoplasten in Prozent:

$$N_p = \frac{NH}{(N_p + NH)} \times 100$$

2. Bestimmung der Protoplasten im Plattentest

Material und Medien:

THOMA-Zählkammer, 10 Petrischalen, Reagenzgläser und Pipetten, 1,4 M Sorbit oder 0,4 M $CaCl_2$-Lösung, OS-YEP-G-Medium fest 1,5%ig, YEP-G-Medium fest (unstabilisiert).

Arbeitsablauf:

Gießen der Platten mit stabilisiertem Medium. Anschließend wird die nach dem Auswaschen resuspendierte Protoplastensuspension mit 1,4 M Sorbit oder 0,4 M $CaCl_2$ verdünnt und ein Protoplastentiter von ca. 10^3 PPL/ml eingestellt. In einer Parallelprobe wird die gleiche Verdünnung mit aqua dest. vorgenommen. Aus jeder dieser beiden Verdünnungen werden jeweils 0,1 ml auf 5 Platten pipettiert und ausgespatelt, so daß auf jede Platte 100—150 Protoplasten incl. Zellen kommen. Wenn nicht bekannt ist, ob die erhaltenen Protoplasten auf der Agaroberfläche regenerieren, dann sind zusätzlich 5 Platten anzusetzen, in die 0,1 ml der mit Sorbit verdünnten Probe pipettiert und 20 ml auf etwa 45 °C abgekühlter OS-YEP-Agar (1,5%ig) gegeben werden. Zur Durchmischung der Protoplasten mit dem Gel werden die Platten ohne Verzögerung kurz geschwenkt und nach dem Erstarren des Agars in den Brutschrank gestellt. Es kann auf die Schock-Lyse in aqua dest. verzichtet werden, wenn die Protoplasten in nicht stabilisiertes YEP-G-Medium eingegossen werden, wobei sie ebenfalls platzen.

Auswertung: Nach 4—5 Tagen wird die Anzahl der Kolonien auf allen Platten bestimmt. Mit Hilfe der Plattenteste kann der Anteil der zur Koloniebildung fähigen intakten Zellen (nach Verdünnung mit aqua dest. bzw. auf nicht stabilisiertem Medium bebrütet) festgestellt sowie aus der Gesamtkoloniezahl der Anteil der Protoplasten (in Prozent) ermittelt werden, die zur Neusynthese der Zellwand und Koloniebildung fähig sind.

8.3. Regeneration der Protoplasten

Für zahlreiche Fragestellungen (z. B. Wandbiosynthese, Selektion nach Transformation oder Fusion) ist die Wiederherstellung der Wand und die Fähigkeit zur Koloniebildung erforderlich. Obwohl es vereinzelte Hinweise über die Regeneration von Protoplasten in flüssigen Medien gibt, gelingt es nur selten, diese Befunde zu reproduzieren. Am sichersten für die Regeneration hat sich die Anwendung fester OS-Medien (Agar- oder Gelatine-Gele) erwiesen. Außerdem läßt sich auf diese Weise der Regenerationsprozeß quantifizieren.

Arbeitsablauf:

0,1 ml einer Protoplastensuspension mit 10^3 PPL/ml werden auf Platten mit verfestigtem 2%igem OS-Agarmedium aufgetropft und mit dem DRIGALSKI-Spatel ausplattiert. Wenn die Regenerationsrate des untersuchten Hefestammes nicht bekannt ist und man Einzelkolonien erhalten möchte, geht man am besten so vor, daß man 2—3 Verdünnungsstufen anfertigt. Günstig sind etwa 100—200 Protoplasten je Platte. Da die Protoplasten verschiedener Hefestämme nicht gleichmäßig gut auf der Agaroberfläche zu regenerieren vermögen, sollte man bei neuen oder im Hinblick auf das Regenerationsverhalten nicht definierten Stämmen, auf jeden Fall bei Saccharomyceten, die Protoplasten auf stabilisierten Agar auftragen, ausplattieren und anschließend mit auf 42—45 °C abgekühltem und mit 0,4 M $CaCl_2$ stabilisiertem 1,5%igem Wasser-Agar überschichten. Die Regeneration erfolgt im Brutschrank bei 28 °C. Nach 2—3 Tagen sind die regenerierenden Protoplasten als kleine Kolonien erkennbar. Eine sichere Auswertung kann jedoch erst nach 4—5 Tagen erfolgen. Kolonien, die aus vegetativen Zellen hervorgehen, erscheinen in der Regel früher und sind größer.

Bestimmung der Regenerationsrate

Unter Regenerationsrate versteht man den zur Wandresynthese und Koloniebildung fähigen Anteil einer Protoplastensuspension. Sie läßt sich ermitteln, indem man von einer definierten Anzahl Protoplasten ausgeht und diese auf ihre Regenerationsfähigkeit, genauer Fähigkeit zur Ausbildung von Kolonien, auf festem Medium untersucht. Die Regeneration von Protoplasten verläuft in Abhängigkeit von den verwendeten Hefestämmen sowie den jeweiligen Versuchsbedingungen unterschiedlich. Unter günstigen Bedingungen sind etwa 70—90 Prozent der Protoplasten zur Regeneration fähig, in den meisten Fällen jedoch weniger. Die Regeneration unterliegt selbst unter konstanten Bedingungen gewissen Schwankungen, so daß bei notwendiger Kenntnis der Regenerationsrate diese stets neu bestimmt werden muß. Die Ursache für dieses Verhalten ist in dem sehr unterschiedlichen Erhaltungszustand der Protoplasten sowie den unterschiedlichen Ansprüchen für die Wandbiosynthese zu suchen. Die Entfernung der Wand mittels eines so komplexen Enzymgemisches wie der Helicase stellt einen drastischen Eingriff in den Stoffwechsel der Hefezelle dar.

Material und Medien:

Reagenzgläser mit Pipetten, 10 Petrischalen mit OS-YEP-G-Medium, THOMA-Zählkammer, DRIGALSKI-Spatel.

Arbeitsablauf:

Mittels Schock-Lyse, d. h. durch Verdünnen einer Protoplastensuspension mit aqua dest. bestimmen wir in der THOMA-Zählkammer den Anteil der intakten Zellen aus der Gesamtzahl von Protoplasten und Hefen in der Sorbit-Verdünnung. Aus beiden Verdünnungen werden jeweils 5 Platten OS YEP-G so beimpft, daß etwa 100 Protoplasten (plus Zellen)/Petrischale ausgespatelt werden. Die Platten werden 4—5 Tage bebrütet.

Auswertung:

Aus den ausgezählten Kolonien kann die Anzahl der intakten Zellen/ml sowie der zur Koloniebildung befähigten Protoplasten plus Zellen/ml ermittelt werden. Die Differenz ergibt den Anteil der regenerationsfähigen Protoplasten. Da in der Regel nur ein Teil der Protoplasten zur Koloniebildung fähig ist, wird die Anzahl der ermittelten koloniebildenden Einheiten unter der auf Grund der Zählkammerwerte zu erwartenden Koloniezahl liegen. Die Regenerationsrate (in Prozent) läßt sich aus der Differenz zwischen regenerierten Protoplasten und der Gesamtzahl der Protoplasten errechnen.

Literatur

HAVELKOVA, M., (1973): Reversion of protoplasts and spheroplasts in the yeast *Nadsonia elongata*. Arch. Mikrobiol. 165—170.

HOLTER, H., and P. OTTOLENGHI (1960): Observations on yeast protoplasts. C. R. Lab. Carlsberg. **31**, 409.

KUO, S.-C., and S. YAMAMOTO (1975): Preparation and growth of yeast protoplasts. In: Methods in Cell Biology (Ed. Prescott D. M.) vol **XI** Academic Press New York—San Franicsco—London.

MAY, R., (1971): Isolationsbedingungen für Zellkerne aus Hefeprotoplasten. Zeitschr. Allgem. Mikrobiologie, **11**, 131—142.

MAY, R., (1974): Licht- und elektronenoptische Untersuchungen an Proteinkristallen und Mikrotubuli in Hefeprotoplasten. Zeitschr. Allgem. Mikrobiol., **14**, 409—418.

MÜLLER, R., (1967): Mikroskopische Analyse der Protoplastenherstellung und -reversion. Symposium über Hefeprotoplasten, Jena 1965. Akademie-Verlag Berlin.

PEBERDY, J. F., (1979): Fungal protoplasts: Isolation, reversion and fusion. Ann. Rev. Microbiol., **33**, 21—39.

B. GENETISCHE METHODEN

9. Inaktivierung und Mutanteninduktion

Die Selektion und Charakterisierung von Mutanten ist die Grundlage für genetische und eine Vielzahl biochemischer bzw. physiologischer Untersuchungen an Hefen. Die Selektion neuer Leistungsstämme für die mikrobiologische Industrie beruht auf der mehr oder weniger gezielten Isolierung spontaner oder induzierter Mutanten. Spontane Mutationen treten bei Pilzen mit einer Häufigkeit von 10^{-7} bis 10^{-6} pro Gen auf. Diese Häufigkeit ist in den meisten Fällen (außer Resistenzmutationen) für eine effektives Mutantenselektionssystem zu niedrig, weil der Materialaufwand zu groß ist. Deshalb werden Mutationen mit den verschiedensten Mutagenen induziert. Mit diesen Mutagenen läßt sich die Mutationshäufigkeit pro Gen auf 5×10^{-4} bis 10^{-2} steigern. Die Mutagene werden grob in physikalische und chemische Mutagene eingeteilt. Die am häufigsten benutzten physikalischen Mutagene sind UV-Licht (besonders wirksam ist der Wellenbereich um 260 nm) und Röntgenstrahlen, während von den chemischen Agenzien insbesondere N-Methyl-N'-Nitro-N-Nitrosoguanidin (MNNG), Äthylmethansulfonat (ÄMS-EMS), salpetrige Säure, Diäthylsulfat und Nitrosomethylharnstoff verwendet werden. Die Auswahl des Mutagens hängt von dem jeweiligen Organismus und der Zielstellung ab. Einen indirekten Hinweis über die Eignung eines Mutagens für einen bestimmten Organismus gibt die Dosis-Wirkungs-Beziehung (Inaktivierungskurve) zwischen Menge sowie Einwirkzeit des Mutagens und der Anzahl der überlebenden Zellen. Fast allen Mutagenen ist gemeinsam, daß sie bei niedriger Dosis hauptsächlich Punktmutationen (z. B. Basenaustausch) hervorrufen, während bei höherer Dosis der Anteil an Chromosomenaberrationen zunimmt (besonders bei Verwendung physikalischer Agenzien) und zugleich der Anteil an Doppel- und Mehrfachmutationen sich erhöht.

Besonders bedeutsam für die Isolierung von Mutanten ist die Erarbeitung einer für den gewünschten Mutantentyp möglichst spezifischen Selektionsmethode. Je spezifischer die Selektionsmethode ist, um so mehr wird die nachfolgende, meist arbeitsaufwendige Charakterisierung der isolierten Mutanten vereinfacht. Besonders schwierig ist es, geeignete Selektionsverfahren zur Ermittlung quantitativer Unterschiede zwischen Ausgangsstamm und

Mutanten zu erarbeiten. Normalerweise ist es für die Schaffung eines Spektrums verschiedener Mutanten nicht erforderlich, selektive Mutantenanreicherungsverfahren einzusetzen. Für die Isolierung von selten auftretenden Mutanten dagegen ist der Einsatz geeigneter Anreicherungsverfahren zu empfehlen, weil sich dadurch der Material- und Zeitaufwand wesentlich verringern läßt. Wichtig für die weitere Verwendung von Mutanten ist die genaue Charakterisierung der durch die Mutation ausgelösten enzymatischen und physiologischen Veränderungen im Organismus. Die Charakterisierung von Mutanten kann zur Aufklärung der Biosynthesewege von Primär- und Sekundärstoffwechselprodukten und deren Regulation beitragen. Die Mutantencharakterisierung stellt außerdem eine Voraussetzung für die gezielte Konstruktion von Stämmen mit neuen Eigenschaften und Leistungen mittels der Konjugation oder Protoplastenfusion dar. Insbesondere von dieser Richtung ist zu erwarten, daß sie mehr Bedeutung für die Herstellung leistungsfähiger Produktionsstämme erlangen wird.

9.1. Bestimmung der Überlebensraten

Für eine effektive Mutanteninduktion ist es erforderlich, zunächst die Wirkung des Mutagens auf den jeweiligen Organismus zu ermitteln. Wichtige Angaben dafür liefert die Bestimmung der Anzahl der Überlebenden bei unterschiedlicher Dosis des Mutagens. Aus den sich daraus ergebenden Inaktivierungskurven ist die Empfindlichkeit des Organismus gegenüber dem Mutagen ersichtlich, weiterhin sind Hinweise über den möglichen Ploidiegrad verschiedener Stämme und wichtige Angaben über die weitere Versuchsgestaltung (z. B. Wahl des Inaktivierungsbereiches für die Mutanteninduktion) zu erhalten. Die Wirksamkeit eines Mutagens hängt entscheidend davon ab, in welchem physiologischen Zustand sich die Zellen zum Zeitpunkt der Einwirkung befinden. So wirken z. B. alkylierende Substanzen bevorzugt auf wachsende Zellen (z. B. wirkt MNNG am Replikationspunkt), während UV-Licht in ruhenden Zellen die meisten Effekte auslöst. Bei der Arbeit mit Mutagenen ist besondere Sorgfalt geboten, weil diese Substanzen z. T. hochaktive Cancerogene sind.

Material und Medien:

YP-flüssig, YEP-G fest, MNNG-Lösung (1 mg MNNG/1 ml 0,9%ige NaCl-Lösung). 50-ml-Steilbrustflaschen, Pipetten (1 ml, 10 ml), Reagenzgläser, Petrischalen (160 Stück), Drigalski-Spatel, Koloniezählgerät:

Zur quantitativen Erfassung von Kolonien auf einer Vielzahl von Platten können verschiedene Typen von Koloniezählgeräten eingesetzt werden. Geeignet ist das KZG 01, wesentlich rationeller sind jedoch automatische Geräte wie das Bio-Tran III (Abb. 21).

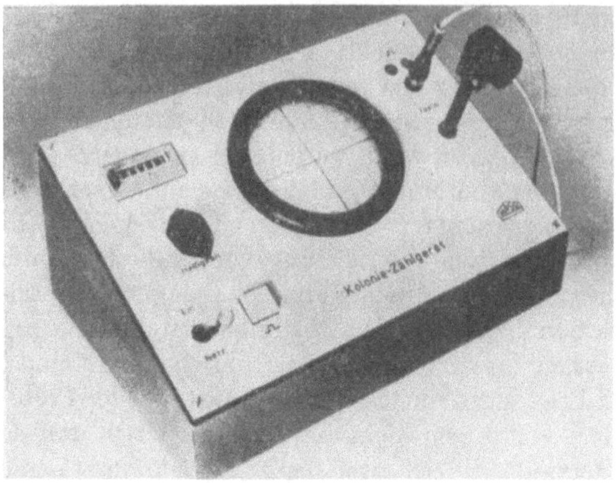

a)

b)

Abb. 21. Geräte zur quantitativen bzw. qualitativen Erfassung von Kolonien oder Zellen

a) Elektromechanisches Koloniezählgerät KZG 01. (Hersteller: VEB Maßindustrie Werdau, Kombinat MRT)

b) Automatisches Kolonie-/Partikel-Zählgerät (Videoscanning Bio Tran III) zur schnellen quantitativen Auswertung von Platten oder mikroskopischen Abbildungen. (Hersteller: New Brunswick Scientific Co., Inc. Edison New Jersey, USA)

Arbeitsablauf:

10 ml YP in 50-ml-Steilbrustflasche mit 1 Impföse Hefezellen beimpfen

↓

1—2 Tage bis zum Erreichen der stationären Phase bei 30 °C schütteln lassen

↓

Mit 0,1 ml der Kultur 10 ml YP (50-ml-Steilbrustflasche) animpfen

↓

10—20 h (je nach Wachstumsrate) bis zu einer Zellzahl von 5×10^6 bis 1×10^7 Zellen/ml bei 30 °C wachsen lassen (Zellzahl bestimmen)

↓

Zusatz von 0,2 ml der MNNG-Lösung

↓

5 h bei 30 °C schütteln lassen, halbstündlich 0,1 ml entnehmen und entsprechend mit 0,9%iger NaCl-Lösung verdünnen und folgende Endverdünnungen auf je 5 YEP-G-Platten ausspateln:

Zeitpunkt der Probenentnahme nach Mutagenzusatz (in h)	Endverdünnungen auf je 5 YEP-G-Petrischalen
0	10^{-5}, 10^{-4}
0,5/1,0/1,5/2,0/2,5/3,0	10^{-5}, 10^{-4}, 10^{-3}
3,5/4,0/4,5/5,0	10^{-4}, 10^{-3}, 10^{-2}

Petrischalen bei 30 °C bis zum Sichtbarwerden der Kolonien inkubieren.

↓

Kolonien auf den Petrischalen der geeigneten Verdünnungsstufe (50—300 Kolonien/Platte) auszählen, Zellzahl bestimmen.

Ermittlung der Inaktivierungskurve:

Aus dem Verhältnis der Zellzahl nach einer Mutageneinwirkungszeit (N_n) zu der Zellzahl vor der Mutageneinwirkung (N_0) ergibt sich die Überlebensrate bei einer bestimmten Mutagendosis. Sie wird meist in Prozent angegeben ($N_n/N_0 \times 100$). Die sich bei steigender Dosis ergebenden Überlebensraten werden halblogarithmisch über der Dosis aufgetragen. Die so erhaltene Inaktivierungskurve sollte von 100% bis 1,0% oder 0,1% Überlebende reichen. Sind die oben angegebenen Zeiten dafür nicht ausreichend, muß die Probeentnahme entsprechend variiert werden. Die Dosis wird bei chemischen Mutagenen in Behandlungsdauer (unter Angabe der Mutagenkonzentration) bei Röntgenstrahlen in Kr und bei UV-Licht in J/m² angegeben.

9.2. *Bestimmung der spontanen und induzierten Mutantenhäufigkeiten*

Der Nachweis spontaner Mutationen ist mit der Aufgabe vergleichbar, eine Stecknadel in einem Heuhaufen zu suchen. Nur wenige spontane Mutationen sind durch einfache, „positive“ Selektionssysteme zu erfassen. Diese beruhen meist darauf, daß die Mutanten unter Bedingungen wachsen können, unter denen der Ausgangsstamm dies nicht kann. Am besten eignen sich zur Bestimmung der Mutantenrate (Anzahl der Mutanten/Gesamtzellzahl) Resistenzmutationen oder die Reversion zur Prototrophie bei auxotrophen Mutanten. Dabei ist zu beachten, daß die Reversionsrate im allgemeinen niedriger ist als die Hinmutationsrate.

In den meisten Fällen werden Mutagene benutzt, um die Mutationsrate zu erhöhen. In der Grundlagenforschung versucht man meist durch Punktmutation hervorgerufene Einfachmutanten herzustellen. Deshalb wird dafür in einem Inaktivierungsbereich von 10—50% überlebende Zellen selektiert. Bei der Selektion neuer Produktionsstämme kommt es im Unterschied dazu darauf an, Leistungen zu verändern, die komplex geregelt werden. Deshalb ist es hier angebracht, in hohen Dosisbereichen (unter 1% überlebende Zellen) zu arbeiten, um Doppel- bzw. Mehrfachmutationen zu verursachen. Aufschluß über die Mutantenhäufigkeit bei einer bestimmten Dosis des Mutagens erbringt die Bestimmung der Häufigkeit von Resistenzmutanten oder von Revertanten einer auxotrophen Mutante des zu testenden Hefestammes. Aus der Inaktivierungskurve und der Häufigkeitsverteilung der Mutanten ist zu entnehmen, ob das Mutagen zur Mutantenherstellung geeignet ist und welche Dosis des Mutagens am effektivsten ist.

Am günstigsten für einen genetisch nicht charakterisierten Hefestamm, von dem meist auch keine Mutanten für Reversionsteste zur Verfügung stehen, ist die Überprüfung der Mutation von $Can^s \rightarrow can^R$ (Gen Can 1 → can 1).

Material und Medien:

YEP-G flüssig und fest, MMT + Canavanin fest (8 mg Canavaninsulfat/10 ml aqua dest., davon 2 ml + 18 ml MMT-Agar), Pipetten (1 ml, 10 ml), Steilbrustflaschen (50 ml, 100 ml), 62 Petrischalen, UV-Lampe (UV-Strahler, VEB Elektro-Medizin, -geräte und Maschinen), G1-Glassinterfilter, Drigalski-Spatel.

Arbeitsablauf:

1. Tag: 10 ml YEP-G in 50-ml-Steilbrustflasche + 1 Impföse Hefezellen

2. Tag: 10 ml Suspension zentrifugieren, Sediment 1 × mit NaCl-Lösung waschen. Mit 50 ml NaCl-Lösung aufnehmen. 4 h bei 30 °C schütteln.
Suspension sollte größtenteils ungeknospete Einzelzellen enthalten, ansonsten Inkubation in YEP-G oder Hungerphase in NaCl-Lösung verlängern.

Suspension durch G1-Glassinterfilter filtrieren, wenn neben Einzelzellen auch Hyphen in der Suspension vorliegen.
Je 5 ml der Suspension werden in Petrischalen von 5 cm Durchmesser mit UV-Licht bestrahlt. Die Dosis richtet sich nach der Inaktivierungskurve. Ausplattiert wird jeweils auf MMT + Can- und YEP-G-Petrischalen vor der Bestrahlung und bei 80%, 50%, 30%, 10%, 1% sowie 0,1% Überlebende. Je 0,1 ml werden auf 3 MMT + Can-Platten ausplattiert. Das Ausplattieren auf YEP-G-Petrischalen (je 5/Verdünnungsstufe) erfolgt nach entsprechender Verdünnung.
Inkubation der Petrischalen bei 30 °C.

4.—9. Tag: Auszählen der Kolonien, wenn diese deutlich sichtbar sind (1—5 mm Durchmesser).

Auswertung:

Die Anzahl canavaninresistenter Kolonien wird bezogen auf die Anzahl der überlebenden Zellen bei der jeweiligen Dosis. Diese Mutantenhäufigkeiten über die Dosis aufgetragen ergibt eine Kurve mit einem Maximum.

9.3. *Mutantenanreicherungsverfahren*

Der Einsatz von Mutantenanreicherungsverfahren ist dann angebracht, wenn eine große Anzahl von Mutanten benötigt wird oder selten auftretende Mutanten selektiert werden sollen. Alle bisher bekannten Methoden zur Anreicherung von Mutanten beruhen darauf, daß wachsende Zellen selektiv abgetötet werden, während die zu isolierenden Mutantenzellen überleben. Voraussetzung dafür ist es, geeignete Bedingungen zu schaffen, unter denen diese Mutantenzellen im Gegensatz zu allen anderen Zellen nicht wachsen können. Einige Anreicherungsmethoden basieren auf der toxischen Wirkung von Nystatin, Netropsin, oder Tiritum-markierter Verbindungen auf wachsende Zellen. Bei anderen Verfahren wird die Eigenschaft einiger Mutanten, unter bestimmten Bedingungen nach kurzer Wachstumsphase zu sterben („Kamikaze"-Mutanten, Fettsäuresynthesedefekte und inositbedürftige Mutanten), ausgenutzt. Diese Techniken sind bei verschiedenen Hefestämmen mit unterschiedlichem Erfolg einsetzbar. Deshalb muß mit besonderer Sorgfalt auf die einzelnen Schritte des Arbeitsablaufs geachtet werden, um eventuell stammspezifische Eigenarten zu berücksichtigen. Prinzipiell können mit diesen Anreicherungsverfahren alle Typen von Mutanten isoliert werden.

Hier soll als Beispiel die Anreicherung von lysinbedürftigen Mutanten der Hefe *Saccharomycopsis lipolytica* mit der Nystatin-Technik dargestellt werden.

Material und Medien:

Nystatin-Lösung (1 mg Nystatin in 1 ml Äthanol lösen, 1 : 10 mit aqua dest. verdünnen), NaCl-Lösung (0,9%ig), YEP-G flüssig und fest, YEP-G-Schrägagarröhrchen, MMT ohne $NH_4H_2PO_4$ flüssig, MMT + Vitamine, Purin- und Pyrimidinbasen und Aminosäuren außer Lysin, MMT fest.
Pipetten (1 ml, 10 ml), Reagenzgläser, DRIGALSKI-Spatel, Zentrifugenröhrchen, Steilbrustflaschen (50 ml), Petrischalen (Anzahl je nach Versuchsumfang), Stempel und Samttücher (Abb. 22).

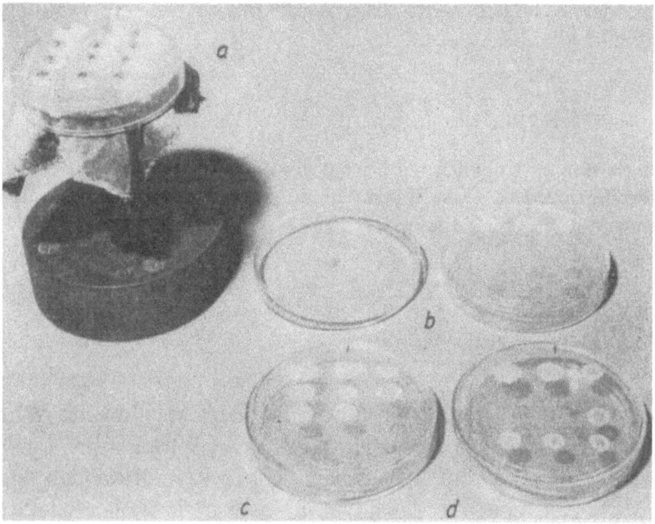

Abb. 22. Stempel mit Samttuch und aufgelegter YEP-G-Platte mit Kolonien von zwölf Mutanten von *S. lipolytica* (a). Von der YEP-G-Platte wurde ein Abdruck der zwölf Kolonien auf dem Samttuch hergestellt und dieser auf MMT-, MMT + Adenin- und MMT + Methionin-Platten übertragen. Nach 2 Tagen Inkubation bei 28 °C waren auf der MMT-Platte (b) drei prototrophe Kolonien, auf der MMT + Adenin-Platte (c) neben den prototrophen fünf adenin-bedürftige und auf der MMT + Methionin-Platte (d) neben den prototrophen vier methioninbedürftige Kolonien gewachsen.

Arbeitsablauf:

10 ml YEP-G mit 1 Impföse Zellen von *S. lipolytica* beimpfen, 24 h bei 28 °C schütteln (Thys-2)

↓

5 ml abzentrifugieren, 2 × waschen mit NaCl-Lösung, Aufnehmen mit 5 ml NaCl-Lösung, 4 h bei 28 °C schütteln

↓

↓

10^6 Zellen/ml einstellen, 5 ml in Petrischale (⌀ 5 cm) geben.

↓

UV-Bestrahlung mit 135 J/m^2

↓

1 ml + 9 ml YEP-G, 24 h bei 28 °C im Dunkeln schütteln

↓

Abzentrifugieren, 2 × waschen mit NaCl-Lösung

↓

Aufnehmen in 10 ml MMT ohne $NH_4H_2PO_4$

↓

8 h bei 28 °C schütteln

↓

Abzentrifugieren, aufnehmen in MMT + Vitamine, Purin- und Pyrimidinbasen und Aminosäuren außer Lysin
10^7 Zellen/ml einstellen

↓

Bei 28 °C schütteln, bis sich Zellzahl mindestens 2 × verdoppelt hat,
pH 4,5—5,0 einstellen

↓

Zusatz von 1 ml Nystatin-Lösung, 1,5 h schütteln

↓

Abzentrifugieren, 2 × waschen mit NaCl-Lösung, aufnehmen mit 3 ml NaCl-Lösung

↓

Verdünnungsreihe 10^{-1} bis 10^{-5} auf je 2 YEP-G-Platten ausspateln, 24 h bei 28 °C inkubieren. (Verdünnungsreihe im Kühlschrank aufbewahren)

↓

Geeignete Verdünnungsstufe (50—100 Kolonien/Platte) auswählen, auf YEP-G-Platten (30—100 je nach zu testender Koloniezahl) ausspateln, 30—36 h bei 28 °C inkubieren

↓

Mit Samtstempel Kolonien von den YEP-G-Platten auf MMT- und MMT + lys-Platten übertragen. Alle Platten 2 Tage bei 28 °C inkubieren

↓

Kolonien, die auf MMT + lys, aber nicht auf MMT gewachsen sind, mit der Impföse auf YEP-G-Platten abimpfen. 24 h bei 28 °C inkubieren

↓

Kolonien, die auf MMT + lys gewachsen sind, aber keinerlei Wachstum auf MMT zeigten, auf YEP-G-Schrägagarröhrchen zur Aufbewahrung abimpfen,

9.4. Bestimmung der Reversionsraten

Ebenso wie Mutanten in Wildstämmen auftreten, können in Mutantenstämmen wieder Wildtyp- oder wildtypähnliche Zellen entstehen. Die Ursache dafür kann entweder eine echte Reversion der Mutation oder eine Suppressormutation sein. Sowohl für die Forschung als auch besonders für die mikrobielle Produktion ist es deshalb wichtig, die Stabilität von Mutanten zu testen, d. h. ihre Reversionsraten zu bestimmen. Absolut stabil sind lediglich Mutanten, die durch Deletionen entstanden sind. Die genaue Bestimmung der spontanen Reversionsrate eines mutierten Gens und die Unterscheidung zwischen der tatsächlichen Wiederherstellung der unmutierten Basensequenz und einer Suppressormutation ist oft sehr schwierig, wird aber normalerweise nicht benötigt. Deshalb soll hier nur eine Methodik beschrieben werden, die Aufschluß über die zu erwartende Stabilität der Mutanten gibt. Diese Methode ist nur einsetzbar, wenn die zu prüfenden Mutanten kein starkes Restwachstum aufweisen. Sie ist nicht anwendbar für „leaky"- und resistente Mutanten. Die Reversion dieser Mutanten muß durch Überprüfung von Einzelkolonien erfolgen, was sehr zeit- und materialaufwendig ist.

Die Reversionsraten von Hefemutanten liegen zwischen 10^{-6}—10^{-9} Revertanten/Zelle, wobei Mutanten bekannt sind, die auch wesentlich höhere Reversionsraten aufweisen.

Stamm:

Auxotrophe Mutanten von *S. lipolytica*

Material und Medien:

YEP-G fest, MMT fest, NaCl-Lösung (0,9%) Pipetten (1 ml, 10 ml), Impföse, DRIGALSKI-Spatel, Koloniezählgerät

Arbeitsablauf:

1. Tag: Ausgehend von einer YEP-G-Schrägagar-Kultur wird eine Zellsuspension in NaCl-Lösung hergestellt und so verdünnt, daß nach Ausspateln von 0,1 ml auf YEP-G-Platten 10—100 Einzelkolonien wachsen. Bei 28 °C inkubieren.

3. Tag: Mit Samtstempel Kolonien auf MMT übertragen. Beide Platten bei 28 °C inkubieren.

4. Tag: Von einer Kolonie, die auf MMT kein Wachstum zeigt, wird eine Suspension von etwa 10^9 Zellen/ml NaCl-Lösung hergestellt und 0,1 ml auf 10 MMT-Platten aufgespatelt. Außerdem wird die Suspension in einer Verdünnung von 10^{-7} auf 5 YEP-G-Platten aufgetragen. Bei 28 °C inkubieren.

6. Tag: Auszählen der Kolonien auf den YEP-G-Platten. Zellzahl bestimmen.

9. Tag: Auszählen der Kolonien auf den MMT-Platten. Zellzahl bestimmen. Berechnen der Reversionsrate als Verhältnis der Zellzahl von MMT-Platten zu Zellzahl von YEP-G-Platten.

Die gleiche Verfahrensweise kann für ts-Mutanten angewandt werden, wobei allerdings die MMT-Platten bei 34 °C inkubiert werden müssen.

Soll vor dem Einsatz eine Mutantenkultur auf den Anteil an Revertanten überprüft werden, so wird von der Schrägagarkultur oder einer andersartig aufbewahrten Kultur eine Zellsuspension hergestellt und direkt auf die MMT- und YEP-G-Platten ausgespatelt, ohne von einer Einzelkolonie auszugehen. Dies ist besonders wichtig, wenn die Mutante bereits mehrmals überimpft wurde oder für Revertanten eine höhere Wachstumsgeschwindigkeit als für die Mutantenzellen zu erwarten ist.

9.5. *Mutantenisolierung und -charakterisierung*

Die Auswahl einer Methode zur Isolierung von Mutanten ist davon abhängig, wozu die selektierten Mutanten eingesetzt werden sollen. Zuerst muß entschieden werden, ob man spontane Mutanten selektieren will oder ob eine Herstellung mit Mutagenen erfolgen soll. Werden z. B. nichtrevertierende Mutanten benötigt, ist es oft günstiger, nach spontanen Deletionsmutanten zu suchen, wobei der Einsatz von Mutantenanreicherungsverfahren zu empfehlen ist. Allerdings kann auch unter spontanen Mutanten der Anteil an Deletionsmutanten bei einzelnen Hefestämmen sehr niedrig liegen ($< 10^{-3}$ Deletionsmutanten/Gesamtzahl isolierter Mutanten). Wird kein spezieller Mutationstyp gesucht, dann werden mit einem wirksamen Agens Mutanten hergestellt. Sehr wirksame Mutagene, z. B. MNNG, EMS oder UV-Licht, werden mit hoher Dosis angewandt, wenn ein bestimmter Mutantenphänotyp, unabhängig von der Anzahl der Mutationen im Genotyp, isoliert werden soll. Dies wird besonders bei einigen industriell nutzbaren Mutanten der Fall sein. Sollen Mutanten mit nur einer Mutation isoliert werden, dann wird mit niedriger Dosis (über 10% Überlebende) gearbeitet.

Besonderer Wert sollte darauf gelegt werden, die Selektionssysteme sehr genau auszuarbeiten. Das gilt insbesondere für die Suche nach selten auftretenden, speziellen Mutanten. Dabei kann es vorkommen, daß auf Grund unspezifischer Selektionssysteme die Zahl anfallender Mutanten so groß ist, daß die Auswahl der geeigneten Mutante sehr aufwendig wird. Andererseits muß darauf geachtet werden, daß die gesuchten Mutanten nicht auf Grund eines im Selektionssystem auftretenden, aber unberücksichtigten negativen Selektionsdruckes eliminiert werden.

Die Selektionssysteme sind immer spezifisch für den gesuchten Mutantentyp. Es ist aber nicht möglich, die Vielzahl der bisher bekannten Systeme aufzuführen. Deshalb wird nur auf einige Prinzipien von Selektionsmethoden für häufig benutzte Mutantenklassen eingegangen, während wir für einige der nachstehend beschriebenen Mutantentypen, für die spezifische Selektionssysteme erforderlich sind, auf die umfangreiche Spezialliteratur verweisen müssen. Letztlich kann die Charakterisierung einzelner Mutanten nur durch den biochemischen Nachweis der enzymatischen oder regulatorischen Veränderung in der Zelle erfolgen. Hier können wir nur einige Hinweise geben, wie Mutanten voneinander unterschieden werden können. Weitere Methoden zur Unterscheidung und Charakterisierung von Mutanten mit genetischen Methoden werden in Kapitel 12 (genetische Analyse) angeführt.

9.5.1. Auxotrophe Mutanten

Auxotrophe Mutanten werden zum Nachweis eines Biosyntheseweges und dessen Regulation, der Aufklärung der Wechselbeziehungen zwischen verschiedenen Biosynthesewegen oder für die Überproduktion eines Metaboliten aus einem Biosyntheseweg benutzt. Sehr häufig werden Auxotrophie-auslösende Mutationen auch als genetische Marker für verschiedenste Prozesse (z. B. zum Nachweis der Konjugation, der geregelten Verteilung von Kerngenen in der Meiose u. a.) genutzt, weil auxotrophe Mutanten in großer Zahl isolierbar und leicht handhabbar sind.

Material und Medien:

YEP-G fest, MMT fest, Stammlösungen der Aminosäuren, Vitamine, Purin- und Pyrimidinbasen, etwa 150 Petrischalen, Schrägagarröhrchen, Pipetten (1 ml, 3 ml), Stempel und Samttücher, Koloniezählgerät, Impföse, Drigalski-Spatel.

Arbeitsablauf:

1. Tag: Nach erfolgter Mutagenbehandlung (s. 9.1. oder 9.2.) und evtl. erfolgter Mutantenanreicherung (s. 9.3.) werden je 0,1 ml der Hefezellsuspension in entsprechender Verdünnung (50—100 Kolonien/Platte) auf 50 YEP-G-Platten ausgespatelt.
32—40 h bei 28 °C inkubieren.

2. Tag: Mit Samtstempel auf MMT-Platten übertragen (sollen nur bestimmte auxotrophe Mutanten isoliert werden, werden dem MMT alle anderen Aminosäuren, Vitamine und Purin- bzw. Pyrimidinbasen zugegeben. (Ersatzmöglichkeiten dieser Verbindungen untereinander beachten, sonst wachsen evtl. auch die zu isolierenden Mutanten!) Über Nacht bei 28 °C inkubieren.

3\. Tag: Vergleich der YEP-G- und MMT-Platten, Bestimmung der Anzahl aller überstempelten Kolonien, Abimpfen der Kolonien, die auf MMT-Platten nicht gewachsen sind, von den YEP-G auf neue YEP-G-Platten. Inkubieren bei 28 °C über Nacht.

4\. Tag: Erneut stempeln auf MMT-Platten. Über Nacht bei 28 °C inkubieren.

5\. Tag: Vergleich der YEP-G- mit MMT-Platten (s. Abb. 22). Die auf den MMT-Platten nicht gewachsenen Kolonien von YEP-G-Platten auf YEP-G-Schrägagarröhrchen und -Platten abimpfen. Mutanten numerieren. Über Nacht bei 28 °C inkubieren.

6\. Tag: Wenn Schrägagarröhrchen gut bewachsen sind, werden sie bei 4 °C weiter aufbewahrt. YEP-G-Platten auf Platten mit MMT und den Zusätzen aus der Tab. 1 stempeln. 1 Tag bei 28 °C inkubieren.

7\. Tag: Auswertung des Wachstums durch Vergleich der YEP-G- mit den MMT-Platten. Normalerweise wird eine Mutante jeweils auf einer der Platten 1—6 und einer der Platten 7—11 wachsen. Wächst eine Mutante nur auf einer der 11 Platten, dann benötigt sie mehr als eine der Substanzen. Dabei ist zu beachten, daß Mutanten mit einem Block am Anfang des Biosyntheseweges für aromatische Aminosäuren nur auf Platte 8 wachsen können. Außerdem bilden Hefezellen aus Arginin Prolin und synthetisieren die Aminosäuren der Aspartatfamilie (Cystein, Methionin, Threonin, Leucin, Isoleucin, Valin) alle aus Asparaginsäure und können diese Aminosäuren ineinander umwandeln.

Tab. 1. Gruppen von Aminosäuren, Purin- und Pyrimidinbasen und Vitaminen zu Bestimmung der Bedürftigkeiten auxotropher Mutanten.

Gruppen-Nr.	Gruppen-Nr.					
	1	2	3	4	5	6
7	Adenin	Guanin	Cystein	Methionin	Uracil	Nikotinsäureamid
8	Histidin	Leucin	Isoleucin	Valin	Lysin	Ca-Panthotenat
9	Phenylalanin	Tyrosin	Tryptophan	Treonin	Prolin	p-Aminobenzoesäure
10	Glutaminsäure	Serin	Alanin	Asparaginsäure	Arginin	Folsäure
11	Biotin	Thiamin-HCl	Inosit	Ribofalvin	Pyridoxin-HCl	—

9.5.2. *Resistenzmutanten*

Mutanten, die resistent gegen die Wirkung von Antibiotika, Analoga von Aminosäuren und Kohlenhydraten oder anderen Antimetaboliten sind, werden aus verschiedenen Gründen selektiert. Einige dieser resistenten Mutanten weisen eine erhöhte Anreicherung eines Metaboliten oder Veränderungen in der Ausscheidung von industriell interessanten Substanzen auf. Resistenzmutationen sind ebenfalls sehr gut als genetische Marker geeignet, weil sie oft sehr einfach zu selektieren sind. Besondere Bedeutung haben sie als genetische Marker cytoplasmatischer DNS in Hefen erlangt (z. B. Oligomycin-, Erythromycinresistenz).

Vor dem Einsatz dieser Antibiotika zur Selektion resistenter Mutanten sollte man sich über die Wirkungsweise dieser Substanzen auf Hefezellen informieren, um für die Selektion resistenter Mutanten entsprechende Bedingungen zu schaffen. Vor jedem Einsatz eines Antimetaboliten bzw. Antibiotikums bei einem neuen Hefestamm muß der wirksame Konzentrationsbereich ermittelt werden. Bei zu geringen Konzentrationen ist das Wachstum der anderen Zellen noch zu stark, so daß resistente Mutanten nicht davon unterschieden werden können. Bei zu hohen Konzentrationen können oft nur Mutanten isoliert werden, die die toxischen Substanzen nicht in die Zelle aufnehmen können. Meist sollen aber resistente Mutanten isoliert werden, die an unterschiedlichen Orten in der DNS mutiert sind. Als Beispiel ist hier die Selektion spontaner nystatinresistenter Mutanten von *Saccharomycopsis lipolytica* angegeben (Selektion canavaninresistenter Mutanten s. Kap. 11 (3).

Stamm:

Saccharomycopsis lipolytica (Wildtyp)

Material und Medien:

YEP-G flüssig und fest, Nystatin-Lösung (2 mg Nystatin fein zerrieben/2 ml Äthanol, vor Gebrauch frisch ansetzen).
YEP-G + Nystatin: 1 ml Nystatin-Lösung zu 100 ml YEP-G-Agar geben.
YEP-G-Agar vorher verflüssigen und auf etwa 55 °C abkühlen. Petrischalen, Pipetten (1 ml), Impföse, Schrägagarröhrchen, DRIGALSKI-Spatel.

Arbeitsablauf:

1. Tag: Animpfen von 10 ml YEP-G in einer 50-ml-Steilbrustflasche mit 1 Impföse voll Hefezellen. 20 Stunden bei 28 °C auf Thys-2 schütteln lassen.
2. Tag: Je 0,1 ml der Zellsuspension auf 4 YEP-G-Platten + Nystatin (50 μg/ml) ausspateln. Bei 28 °C inkubieren.

6. Tag: 1–2 mm große Kolonien auf YEP-G-Platten abimpfen. Bei 28 °C 1 Tag inkubieren.

7. Tag: Stempeln auf YEP-G-Platten + Nystatin (50 µg/ml). Bei 28 °C inkubieren.

9. Tag: Die auf YEP-G-Platten + Nystatin gewachsenen Kolonien werden auf Schrägagarröhrchen mit YEP-G + Nystatin (50 µg/ml) abgeimpft, bei 28 °C inkubiert.

10. Tag: Weitere Aufbewahrung erfolgt bei +4 °C.

9.5.3. Konditionelle Mutanten

Den konditionellen Mutanten werden solche Organismen zugeordnet, die sich unter bestimmten (sog. permissiven) Umweltbedingungen ebenso wie der Wildtyp verhalten, und anderen (sog. nichtpermissiven oder restriktiven) Milieubedingungen einen charakteristischen Mutantenphänotyp ausprägen. Die dafür genotypisch zugrundeliegende Mutation wird als konditionelle Mutation bezeichnet. Einige dieser konditionellen Mutanten sind trotz Zusatz verschiedenster Metabolite nicht in der Lage, ihr Wachstum unter restriktiven Bedingungen fortzusetzen. Diese Mutanten werden als konditionell letal bezeichnet, weil die durch Mutation blockierte Genfunktion für das Wachstum essentiell ist. Ein Teil dieser konditionell letalen Mutanten ist nicht in der Lage, nach Wiederherstellung permissiver Bedingungen das vegetative Wachstum wieder aufzunehmen. Dieser Verlust der Lebensfähigkeit kann in Abhängigkeit von der Mutante und der Inkubationszeit bei restriktiven Bedingungen mit unterschiedlicher Rate erfolgen. Als restriktive Bedingungen können bestimmte Temperaturbereiche (temperatur-, kältesensible Mutanten), pH-Werte oder osmotische Verhältnisse im Medium gewählt werden. Am umfangreichsten sind bisher die temperatursensiblen (ts) Mutanten untersucht worden. Besondere Bedeutung haben für die Forschung dabei die konditionell letalen, zellzyklusdefekten ts-Mutanten (cdc-Mutanten) von *Sacch. cerevisiae* und *Schiz. pombe* erlangt.

Konditionelle Mutanten bieten der Forschung die Möglichkeit, Aufschluß über die Funktion und der Regulation der Aktivität von Genen zu erhalten, bei denen eine vollständige Blockierung der Genfunktion für die Zelle letal wäre.

Für mikrobiologische Produktionsverfahren ist es vorstellbar, daß eine Synthese zweier Produkte von einunddemselben Stamm nur durch Veränderung der Milieubedingungen (z. B. ein Produkt wird bei permissivem, das zweite bei restriktivem pH-Wert gebildet) technologische Vorteile bringen kann. Bei solch einer Verwendung konditioneller Mutanten ist aber eine sehr sorgfältige Überprüfung sowohl des Organismus als auch der Verfahrensbedingungen erforderlich. Insbesondere die Umstellung von permissiven auf restriktive Bedingungen kann technologische Schwierigkeiten verursachen. In den weiteren Ausführungen wird nur auf die ts-Mutanten eingegangen, weil sie die am häufigsten benutzten konditionellen Mutanten sind. Für die Erzeugung von ts-Mutationen sind alle Mutagene geeignet. Da aber für eine ts-Mutante das Genprodukt nicht drastisch verändert zu werden braucht, werden bevorzugt solche Mutagene benutzt, die einen Basenaustausch und keine Chromosomenaberrationen oder frame-shift-Mutationen verursachen. Aus verschiedenen Gründen kann es bei der Selektion von ts-Mutanten geschehen, daß die Nachkommen einundderselben Mutante mehrmals isoliert werden. Deshalb sollte hier die zu behandelnde Zellsuspension in kleinere Mengen aufgeteilt werden, um die Mutagenese und Selektion von Mutanten unabhängig voneinander durchführen zu können. Mutantenanreicherungsverfahren (s. 9.3.) sind zur Selektion von ts-Mutanten ebenfalls erfolgreich eingesetzt worden. Dabei ist aber zu beachten, daß die Häufigkeit der mehrmaligen Isolierung von Nachkommen einer Mutante zunimmt und nicht immer das ganze Spektrum möglicher ts-Mutanten in einem Gen erfaßt wird (Eliminierung z. B. von leaky-ts-Mutanten).

Stamm:

Saccharomyces cerevisiae

Material und Medien:

YEP-G flüssig und fest, MNNG-Stammlösung (1 mg MNNG/1 ml 0,9%ige NaCl-Lösung), 0,9%ige NaCl-Lösung.
310 Petrischalen, Reagenzgläser, Schrägagarröhrchen, Pipetten (1 ml, 10 ml), DRIGALSKI-Spatel.

Arbeitsablauf:

1.—3. Tag: Anzucht der Kultur wie unter 9.1. beschrieben

4. Tag: Nach Zusatz der MNNG-Lösung werden sofort jeweils 0,5 ml der mutagenhaltigen Kultur in Reagenzgläser verteilt. Die Reagenzglasständer mit den Röhrchen werden auf dem Reziprokschüttler Thys-2 befestigt und bei 23 °C geschüttelt, bis etwa 1% Überlebende zu erwarten sind.
Zugabe von jeweils 4,5 ml NaCl-Lösung und entsprechende weitere Verdünnung. Je 0,1 ml von jeder Suspension werden auf jeweils 5 YEP-G-Platten ausgespatelt. Die 100 YEP-G-Platten werden bei 23 °C inkubiert.

5. Tag: Die Kolonien (Koloniegröße 2—5 mm) werden mit Samtstempel auf je 2 YEP-G-Platten übertragen. Eine Platte wird bei 23 °C, die andere bei 36 °C inkubiert.

7. Tag:	Die Kolonien, die bei 36 °C nicht gewachsen sind, aber bei 23 °C eindeutig wuchsen, werden auf neue YEP-G-Platten abgeimpft. Es werden jeweils nur 1—2 Mutanten von einer mutagenbehandelten Kultur (die auf 5 YEP-G-Platten ausplattiert wurde) isoliert. Die neuen YEP-G-Platten werden bei 23 °C inkubiert.
8. Tag:	Kolonien erneut mit Samtstempel auf je 2 YEP-G-Platten übertragen. Eine Platte bei 23 °C, die andere bei 36 °C inkubieren.
10. Tag:	Die Kolonien, die bei 36 °C nicht, bei 23 °C aber wachsen, auf YEP-G-Schrägröhrchen abimpfen. Schrägröhrchen bei 23 °C inkubieren.
12. Tag:	Schrägröhrchen weiter bei 4 °C aufbewahren.

Charakterisierung von ts-Mutanten

Es ist in ts-Mutanten wesentlich schwieriger als z. B. in auxotrophen Stämmen zu klären, welche Funktion oder Struktur verändert ist. Temperatursensitive Mutanten können in der DNA-, RNA- oder Proteinsyntese, in der Zellteilung, Zellmembran- und -wandbildung, im Transport, Lipidmetabolismus oder Energieproduktion u. a. m. blockiert oder verändert sein. Man kann annehmen, daß fast alle Gene eines Organismus Möglichkeiten für ts-Mutationen (meist missense-Mutationen) enthalten. Die Charakterisierung wird besonders erschwert, weil durch ts-Mutationen auch Gene erfaßt werden, deren Produkte bzw. Funktionen bis heute noch unbekannt sind. Deshalb wird es meist nur für bestimmte Fragestellungen in der Forschung interessant sein, eine genaue Charakterisierung von ts-Mutanten vorzunehmen.

9.5.4. Mutanten mit veränderter Substratverwertung

Mutanten, die in der Verwertung eines oder mehrerer Substrate (z. B. C- oder N-Quelle) verändert sind, werden vielseitig verwendet. In der Forschung dienen sie häufig zum Nachweis katabolischer Enzyme und deren Regulation. Für die mikrobiologische Industrie werden insbesondere solche Mutanten gesucht, die ein Substrat effektiver verwerten können. Weitaus seltener werden dagegen Mutanten benötigt, die bestimmte Substrate nicht verwerten können.

Mutanten, die ein oder mehrere Substrate nicht verwerten können, sind im Prinzip wie unter 9.5.1. beschrieben selektierbar. Dabei muß natürlich darauf geachtet werden, daß die Testplatten keine anderen verwertbaren Substrate enthalten. Unter Umständen kann die Häufigkeit solcher Mutanten sehr niedrig sein, insbesondere dann, wenn mehrere Isoenzyme für die Verwertung eines Substrates vorliegen oder der Organismus mehrere Kopien des zu mutierenden Genes enthält. Günstig für die Selektion solcher Mutanten ist es, wenn wachstumshemmende Analoga des Substrates eingesetzt werden können. Die Selektion analogaresistenter Mutanten erfolgt wie unter 9.5.2· beschrieben. Dabei muß darauf geachtet werden, daß den Selektionsplatten ein anderes, alternatives Substrat zugesetzt wird. Die Verwertung des alternativen Substrates muß durch das Analogon ebenfalls unterdrückt werden. Resistente Mutanten können wachsen, weil sie in der Aufnahme oder der Umwandlung des Analogons blockiert sind, das alternative Substrat aber verwerten können. Unter den analogaresistenten Mutanten werden zumindest einige das zu testende Substrat nicht verwerten können. Auf diese Weise werden z. B. hexokinasedefekte Mutanten auf Grund ihrer Resistenz gegen 2-Desoxyglucose selektiert. Die effektivere oder schnellere Verwertung eines Substrates kann in Mutanten durch eine höhere Enzymmenge in der Zelle oder seltener durch eine Steigerung der Enzymaktivitäten selbst erreicht werden. Die Erkennung solcher Mutanten ist meist schwierig und erfordert spezifische Selektionssysteme. Günstig ist es, wenn die erhöhte Substratverwertung mit einer gesteigerten Wachstumsrate gekoppelt ist. Solche Mutanten lassen sich am besten durch eine kontinuierliche Kultivierung in Chemostaten mit einer hohen Verdünnungsrate selektieren. Dieses Selektionsverfahren ist zwar einfach, aber sehr hefestammspezifisch.

9.5.5. Regulationsmutanten

Unter dem Begriff Regulationsmutanten werden Mutanten zusammengefaßt, die in irgendeiner Weise in der Regulation der Aktivität einzelner Gene verändert sind. Sie weisen gegenüber dem Wildtyp keine Veränderungen in der Aminosäuresequenz des von diesem Gen codierten Proteins auf. In diesen Mutanten sind Veränderungen in DNS-Bereichen eingetreten, die Kontrollfunktionen ausüben. Über die Regulation der Genexpression in Eukaryoten ist wesentlich weniger bekannt als in Prokaryoten. Gegenwärtig dienen insbesondere Hefen als Modellobjekt für diese Untersuchungen. Es sind viele metabolische Systeme bekannt, in denen die Expression von Genen in irgendeiner Art reguliert wird. Aufschluß zu erhalten über die Art und Weise dieser Regulation ist z. Z. eines der Hauptobjekte der Forschung. Dafür ist die Isolierung von Regulationsmutanten besonders wichtig. Diese Untersuchungen werden bisher fast ausschließlich mit *Sacch. cerevisiae* vorgenommen. Hier sind die Pyrimidin- und einige Aminosäurebiosynthesewege und die Verwertung einiger Zucker (Galactose, Maltose) gut untersucht und es liegt eine große Anzahl an Regulationsmutanten dafür vor. Mit den meisten Selektionsverfahren können zufällig, mehr oder weniger häufig auftretende Regulationsmutanten isoliert werden. Die Erarbeitung von Selektionsmethoden für eine gezielte Isolierung von bestimmten Regulationsmutanten erfordert meist eine weitgehende biochemische und physiologische Charakterisierung des untersuchten Systems. Die Techniken dieser Verfahren ähneln den in Kap. 9.5.1. und 9.5.2. beschriebenen, die Selektionsmethoden selbst sind aber spezifisch für die zu isolierenden Mutanten.

Charakterisierung

Die biochemische Charakterisierung von Regulationsmutanten ist oft schwierig. Dagegen liefern einfache genetische Experimente eine Vielzahl von Informationen. Die Kartierung der vorliegenden Mutationen gibt Auskunft, ob das Kontrollelement dem kontrollierten Strukturgen eng benachbart ist und ob es sich um den Allelzustand eines bereits bekannten Kontrollelements handelt. Der Komplementationstest zeigt, welchem Typ das vorliegende Kontrollelement zuzuordnen ist. Einzelheiten dazu werden in Kap. 12 beschrieben.

9.5.6. Sonstige Mutanten

Neben den oben angeführten wichtigsten Mutantenklassen sind noch weitere Mutantentypen bekannt, auf die hier nicht eingegangen werden kann. Einige davon können auch als mikrobiologische Produktionsstämme spezielle Vorteile bieten. So wären z. B. nichtsporulierende diploide Mutanten (*spo*-Mutanten) geeignet, diploide Produktionsstämme zu stabilisieren. Von speziellem Interesse sind auch die Selektionsverfahren, die zur Isolierung leistungsfähiger, exoenzymbildenden Hefemutanten (z. B. Lipase, Protease) entwickelt wurden. Ebenso bedeutsam sind solche Mutanten, die Aminosäuren, organische Säuren oder andere Metabolite intra- oder extrazellulär anreichern.

9.6. Bezeichnung der Gene bei Hefen

Für die Bezeichnung von Hefemutanten sind einheitliche Regeln erarbeitet worden, um Verwechslungen zu vermeiden und Mutantenstämme miteinander vergleichen zu können. Im folgendem werden kurz die dafür wichtigsten Regeln angeführt.

- Die Paarungstypgene werden bei Hefen im allgemeinen mit *mat* („mating type") bezeichnet. Da bei einigen Hefen der unterschiedliche Paarungstyp durch die verschiedenen Allelzustände eines *mat*-Genes bestimmt wird, wird dieser durch einen Buchstaben symbolisiert (z. B. *Sacch. cerevisiae* a und α, *S. lipolytica* A und B).
- Die Gene werden im allgemeinen durch drei lateinische Buchstaben symbolisiert, die sich nach der codierten Funktion richten. Ist das Gen bzw. das Genprodukt nicht bekannt, so richtet sich die Bezeichnung einer

Mutante nach der phänotypischen Veränderung. Die Auswahl der drei Buchstaben richtet sich nach den Vorschlägen von DEMEREC et al. (1966). Zum Beispiel wird eine lysinauxotrophe Mutante demnach mit lys bezeichnet.

- Ist der Genort bekannt, so wird er mit einer arabischen Ziffer hinter der Genbezeichnung angeführt (z. B. lys 2). Allele eines Gens werden ebenfalls durch eine arabische Ziffer mit einem Bindestrich hinter der Nummer des Genortes bezeichnet (z. B. lys 2—8). Dabei muß die Nummer des Genortes mit der international dafür benutzten Nummer übereinstimmen, während die Allelnummer in jedem Labor selbst festgelegt werden kann.
- Sind die Komplementationsgruppen von Genen oder Gengruppen bekannt, so werden sie mit Großbuchstaben hinter der Gennummer genannt (z. B. lys 2 A, lys 2 B).
- Dominante Gene werden mit großen Buchstaben (z. B. LYS), rezessive Gene mit kleinen Buchstaben (z. B. lys 2) bezeichnet.
- Im allgemeinen werden Wildtyp-Gene mit + bezeichnet. Das Symbol folgt der Gennummer (z. B. sup 6^+ oder LYS 2^+) oder kann auch bei gemeinsamer Nennung mit dem Mutantenallel eines Gens, z. B. in Diploiden, allein stehen, wobei es vom Mutantenallel durch einen Schrägstrich getrennt wird (z. B. lys 2/+).
- Die Resistenz wird mit R und die Sensitivität gegenüber einer Verbindung mit S bezeichnet. Beide Symbole werden nach der Genbezeichnung als Exponent geschrieben (z. B. $\mathrm{CAN^S1}$, $\mathrm{can^R1}$).
- Mitochondriale oder andere extranucleare Genotypsymbole werden in eckige Klammer gesetzt (z. B. [rho], [psi +]). Da die Identifizierung bestimmter genetischer Orte bei cytoplasmatisch determinierten Resistenzmutationen und die Dominanzbeziehungen der Allele cytoplasmatischer Gene oft unklar sind, werden diese Mutanten mit Großbuchstaben und der Mutantennummer bezeichnet. Das Wildtypallel ist somit daran zu erkennen, daß dem Gensymbol keine Nummer folgt (z. B. [$\mathrm{ERY^S}$, $\mathrm{CHL^R293}$], [$\mathrm{ERY^R127}$, $\mathrm{CHL^S}$]).

Literatur

DEMEREC, M., E. A. ADELBERG, A. J. CLARK, and P. E. HARTMANN (1966): A proposal for a uniform nomenclature in bacterial genetics. Genetics **54**, 61—76.

FERENCZY, L., M. SIPICZKI, M. SZEGEDI (1975): Enrichment of fungal mutants by selective cell wall lysis. Nature **253**, 46—47.

GREER, H., and G. R. FINK (1975): Isolation of regulatory mutants in *Saccharomyces cerevisiae*. In: Methods in Cell Biology, vol. **XI**, (ed. D. M. PRESCOTT), Academic Press, New York—San Francisco—London, 247—272.

GÜNTHER, E., (1978): Grundriß der Genetik. VEB Gustav Fischer Verlag Jena.

HOLLAENDER, A., (1971): Chemical mutagens, vol. **I**, Plenum Press, New York.

LITTLEWOOD, B. S., (1975): Methods for selecting auxotrophic and temperature sensitive mutants in yeast. In: Methods in Cell Biology, vol. **XI**, (ed. D. M. PRESCOTT), Academic Press New York—San Francisco—London, 273—285.

PRAKASH, L., F. SHERMAN (1973): Mutagenic specificity: Reversion of iso-1-cytochrome c mutants of yeast. J. Mol. Biol., **79**, 65—82.

SHERMAN, F., CH. W. LAWRENCE (1974): *Saccharomyces*. In: Handbook of Genetics (ed. R. C. KING) Vol. **1**; 359—393.

YOUNG, J. D., J. W. GORMAN, J. A. GORMAN, R. M. BOCK (1976): Indirect selection for auxotrophic mutants of *Saccharomyces cerevisiae* using the antibiotic netropsin. Mutation Research **35**, 423—428.

10. Hybridisierung bei Hefen

10.1. Sexuelle Hybridisierung: Konjugation

Die Sexualität bei *Saccharomyces cerevisiae* wird durch einen einzigen genetischen Locus, den sogenannten Paarungstyp-Locus (*MAT*), determiniert, für dessen Regulation verschiedene Struktur- und Regulatorgene verantwortlich sind und der bei *Sacch. cerevisiae* auf Chromosom III lokalisiert ist. Dieser Locus wird durch zwei alternative Allele a und α (bei *Saccharomycopsis lipolytica* mit A und B, bezeichnet) charakterisiert, wodurch bei heterothallischen Hefen entweder Stämme mit dem Paarungstyp a oder α vorkommen. Der Paarungstyplocus ist das wesentliche Element eines komplexen Kontrollsystems, das die einzelnen Funktionen in der Haplo- und Diplophase der Hefen koordiniert. Hefen mit unterschiedlichem Paarungstyp unterscheiden sich nicht morphologisch, sondern nur physiologisch. Damit sind die heterothallischen Hefen den physiologischen Diözisten zuzuordnen.

Zellen mit dem Paarungstyp a konjugieren in der Regel gut mit solchen vom komplementären Paarungstyp, d. h. mit α-Zellen, ebenso können diploide Zellen mit dem Status a/a mit solchen vom Status α/α gekreuzt werden. Dagegen kopulieren Zellen mit gleichem Paarungstyp nur außerordentlich selten (10^{-6}). Die meisten haploiden heterothallischen Laboratoriumsstämme von *Saccharomyces cerevisiae* sind hinsichtlich ihres Paarungstypes stabil. Die sexuelle Vereinigung von Zellen mit komplementärem Paarungstyp führt zur Bildung von Diploiden mit dem Genotyp a/α, die nicht konjugieren können. In den bezüglich des Paarungstyps heterozygoten diploiden Zellen kann die Meiose induziert und damit die Sporulation eingeleitet werden, in deren Ergebnis vier haploide Ascosporen entstehen. Dabei ist das Verhältnis der Paarungstypen a : α = 1 : 1.

Die Kontrolle der beiden Allele des Paarungstyplocus erstreckt sich auf drei wesentliche, morphologisch nachweisbare Stufen im Sexualzyklus: Sexuelle Zellagglutination, Zellfusion und Kernfusion. Mit der Zellagglutination sind folgende Funktionen verbunden:

- Synthese und Sekretion diffusibler Sexualpheromone (Glycoproteine)
- Synthese von Agglutinationsfaktoren

- Erkennung des komplementären Paarungstyps
- Zellwandveränderung und Zellkontakt

Die Agglutinationsfaktoren bewirken strukturelle Veränderungen der Zellwand, die eine notwendige Voraussetzung für den Zellkontakt und die sich daran anschließende Fusion der Zellen sind. Damit verbunden sind Veränderungen der Zellmorphologie, eine Zunahme des Zellvolumens sowie eine lokale Zellexpansion. An der Kontaktregion erfolgt eine Wandausdehnung, der sich eine Verdünnung und Perforation der Wand anschließt. Die Ausbildung von Protuberanzen und Konjugationsbrücken sind die terminalen Ereignisse des Zellkontaktes. Mit der sich vollziehenden Zellverschmelzung kommt es zur Ausbildung der Zygote, in der die Kernfusion und Plasmadurchmischung vor sich geht. Die Form der Zygoten ist bei verschiedenen Hefen unterschiedlich und kann erheblich von der bei *Saccharomyces cerevisiae* bekannten Hantel-Form abweichen (Abb. 25). So werden z. B. bei *Saccharomycopsis lipolytica* häufig lange Kopulationsbrücken gebildet und es kommt nur selten zu einem direkten Zellkontakt.

Wesentlich für die Zellfusion ist die durch die Sexualpheromone induzierte Arretierung in der G1-Phase des Zellzyklus. Damit kommt es zur Unterdrükkung einer weiteren Knospenbildung, wodurch in dieser Phase vorwiegend knospenlose Zellen vorliegen und die DNS-Synthese noch nicht wieder initiiert wurde. Die Replikation der DNS ist abgeschlossen, so daß in der diploiden Zygote eine geradzahlige Chromosomenzahl zustande kommt. Die damit verbundene Euploidie in den daraus resultierenden diploiden Zellen sichert ein balanziertes Wachstum sowie eine normale Paarung der Chromosomen in der Meiose. Die diploide Zygote bildet nach einer ersten Kernteilung eine diploide Knospe, die den Ausgangspunkt für einen heterozygoten diploiden Klon bei heterothallischen Stämmen von *Saccharomyces cerevisiae* sowie anderen Gattungen darstellt. Bei *Schizosaccharomyces pombe* wird im Gegensatz dazu unmittelbar nach der Kernfusion die Meiose und damit bereits wieder der Übergang zur Haplophase eingeleitet.

Die meisten in der Natur vorkommenden Wildstämme sowie viele Produktionsstämme weisen häufig einen von den heterothallischen Hefen abweichenden Lebenszyklus auf, sie werden als homothallische Stämme bezeichnet. Bei diesen homothallischen Hefen führt die Vermehrung einer haploiden Einzelspore zu einer Kolonie, die nicht wie bei heterothallischen Stämmen ausschließlich haploide Zellen, sondern die bereits zur Sporulation fähige diploide Zellen enthält. Diese Erscheinung ist bei *Sacch. cerevisiae* auf die Anwesenheit eines dominanten Gens HO sowie zweier weiterer Gene (HMα und HMa) zurückzuführen. Das HO-Gen befähigt haploide Zellen während der Zellteilung einen häufigen Wechsel des Paarungstyps auszuprägen (Interconversion), was in der Kolonie zur Bildung von a- und α-Zellen, zu deren Konjugation und damit zu diploiden Zellen führt. Dieses Umschalten erfolgt sehr häufig. Folglich besitzen alle Zellen die Information für a und α, jedoch ist zu einer bestimmten Zeit nur eine dieser Informationen ausgeprägt. Neuere Vorstellungen über die Interconversion der Paarungstypen führten zu einem Modell, in dem die Paarungstypallele als transponible Elemente (Transposons) angesehen werden, die drei spezifische Stellen des Chromosoms einnehmen können und in Abhängigkeit von ihrer jeweiligen Stellung den Paarungstyp bestimmen. Obwohl homothallische Hefen intensiv genetisch analysiert wurden, werden in den meisten hefegenetischen Laboratorien der Einfachheit halber vorwiegend heterothallische Stämme verwendet.

In diesem Abschnitt werden die notwendigen Voraussetzungen, Bedingungen und methodischen Schritte für die Durchführung von Konjugationsexperimenten bei heterothallischen Hefen, speziell bei *Saccharomyces cerevisiae* und *Saccharomycopsis lipolytica* beschrieben. Diese Methoden erlauben die Bestimmung des Paarungstyps, die Herstellung diploider Stämme, darunter von Rekombinanten (Hybriden) sowie in Kombination mit der Sporulation den genetischen Test auf den haploiden bzw. diploiden Status.

Abschließend sei darauf verwiesen, daß nicht alle Stämme gleichermaßen gut konjugieren. Dies trifft insbesondere für in genetischer Hinsicht nicht optimierte Wild- und Produktionshefestämme zu. Derartige Stämme müssen für erfolgreiche Kreuzungsexperimente wie für eine generelle genetische Bearbeitung überhaupt, im Hinblick auf ihre Fertilitätseigenschaften verbessert werden.

10.1.1. Methoden der Hybridisierung

Die Konjugation ist der entscheidende morphologisch nachweisbare Schritt beim Übergang von der Haplo- zur Diplophase. Unabhängig davon, ob man Hybriden für Züchtungszwecke oder Diploide für die Sporulation und die anschließende genetische Analyse gewinnen will, oder ob Konjugation und Sporulation zur Bestimmung des perfekten Status für taxonomische oder genetische Studien oder zur Ermittlung des Paarungstyps herangezogen werden, kann eines der nachfolgenden Verfahren angewendet werden. Man benötigt dazu Stämme mit den komplementären Paarungstypen oder mindestens einen Referenzstamm mit definiertem Paarungstyp. Der Nachweis der Diploidisierung kann entweder direkt erfolgen, indem man nach Vereinigung der Zellen mit komplementärem Paarungstyp mikroskopisch nach Zygoten sucht, oder indem man bei Verwendung haploider auxotropher Mutanten auf Minimalmedium nach prototrophen Kolonien selektiert. Weiterhin kann nach Überführen der Zygoten oder der vermuteten Diploiden auf ein Sporulationsmedium eine mikroskopische Kontrolle auf Asci oder Sporen vorgenommen werden. Vielfach ist die Kombination aller drei oder mindestens von zwei dieser Methoden erforderlich. Dies trifft zu, wenn die Zygoten nicht eindeutig zu identifizieren sind, die Sporulation nur sehr schwach ausgeprägt ist oder die Karyogamie in der Zygote ausgeblieben ist.

10.1.1.1. Konjugation unter Submersbedingungen

Stämme:

Auxotrophe Mutanten von *Saccharomyces cerevisiae* (Paarungstypen a und/oder α), *Saccharomycopsis lipolytica* (Paarungstypen A und/oder B)

Medien:

$MgSO_4$; 0,1 M, Präsporulationsmedium, YEP-G und YM flüssig und fest

Material und Geräte:

50-ml-Steilbrustflaschen, Schüttelmaschine Thys 2, Pipetten, Reagenzgläser, Zentrifugenröhrchen, Tischzentrifuge, Drigalski-Spatel

Nachfolgendes Versuchsschema zeigt die notwendigen Schritte und Bedingungen zum Nachweis der Konjugation bei *Saccharomyces cerevisiae.* (s. S. 114) Die Titerbestimmung ist zur Ermittlung der Konjugationshäufigkeit, der Revertantentest zur Berücksichtigung eventuell vorliegender Revertanten unter den Prototrophen auf dem Minimalmedium erforderlich.

Die Konjugation bei *S. lipolytica* erfolgt in Anlehnung an die für Sacch. cerevisiae angewendete Methode. Unterschiede gibt es bei der längeren getrennten Anzucht der Paarungstypen, der längeren Dauer ihrer gemeinsamen Inkubation bis zu Beginn der Zygotenbildung sowie in den Konjugationsmedien (s. Schemata S. 115–116).

Versuchsablauf bei *Saccharomyces cerevisiae*

(Mutante A) → Vorkultur → waschen → 10^7 Zellen/ml

(Mutante B) → Vorkultur → waschen → 10^7 Zellen/ml

Vorkultur: YEP-G, 16–18 h, 28 °C

waschen: 2 × mit aqua dest.

10^7 Zellen/ml: Einstellen der Zellzahl in 25 ml aqua dest.

Für Zellzahlbestimmung (A u. B)

5 ml
↓
Zentrifugieren
Abdekantieren
↓
Sediment +
Konjugationsmedium 10 ml
↓
Verdünnungen von 10^{-4} und 10^{-5}
↓
je 0,1 ml auf YEP-G ausplattieren
↓
Inkubation
28 °C, 2–3 Tage

Kreuzung (Mutante A × Mutante B)

5 ml (A) + 5 ml $MgSO_4$ + 5 ml (B)
↓
Mischen
Zentrifugieren
↓
30′ stehen lassen
↓
Abdekantieren
↓
Resuspendieren in Konjugationsmedium (10 ml)
↓
sanft schütteln
28 °C, 6 h
↓
Mikroskopische Kontrolle der Zygotenbildung
↓
Verdünnungen von 10^{-3}, 10^{-2}, 10^{-1} auf Platten mit MM
↓
Inkubation
3 Tage

Auswertung:
Anzahl der prototrophen Kolonien (Hybriden)

Für Revertantentest (A u. B)

5 ml
↓
Zentrifugieren
Abdekantieren
↓
Sediment +
Konjugationsmedium 10 ml
↓
schütteln,
6 h, 28 °C
↓
je 0,1 ml auf MM ausplattieren
↓
Inkubation
28 °C, 2–3 Tage

Anzahl der prototrophen Kolonien (Revertanten)

Schematische Darstellung des Versuchsablaufs (s. auch Abb. 23) bei *S. lipolytica*

1. Vorkultur der Paarungstypen in YEP-G, 24 h
2. Vorkultur der Paarungstypen in YEP-G, 18 h

	↓		↓	
	waschen	$2 \times$ in NaCl-Lsg.	waschen	
	↓	Einstellen	↓	
	10^7 Zellen/ml	der Zellzahl	10^7 Zellen/ml	
	↓	in 10 ml YM	↓	
	5 ml Suspension		5 ml Suspension	
Zellzahlbestimmung für A u. B wie bei *Sacch. cerevisiae* (Verd. 10^{-6})		↓ Mischen, Schütteln 28 °C, 15–24 h ↓		Revertantentest für A u. B wie bei *Sacch. cerevisiae* (pro Platte 0,1 ml)

Mikroskopische Kontrolle (ab 15 h)

↓

Verdünnungen von 10^{-3} bis 10^{-1} auf Platten mit MM (nach 24 h)

↓

Inkubation 3 Tage 28 °C

↓

Auswertung: Anzahl prototropher Kolonien

Mikroskopischer Nachweis

Die getrennt vorkultivierten und gewaschenen Stämme werden nach der beschriebenen unterschiedlichen Vorbehandlung vereinigt und in 50-ml-Steilbrustflaschen auf der Schüttelmaschine leicht bewegt. Nach 4–6 h (*Sacch. cerevisiae*) bzw. 15–16 h (*S. lipolytica*) erfolgt die mikroskopische Kontrolle des Konjugationsgemisches. Gut konjugierende Stämme sind schon daran zu erkennen, daß bereits 1–2 Minuten nach Entnahme der Kölbchen von der Schüttelmaschine eine starke Sedimentation zu beobachten ist. Diese beruht auf der intensiven Agglutination der Zellen sowie der Verklumpung der Zygoten. Für die unmittelbare mikroskopische Kontrolle sollte man die Probe dem Sediment entnehmen, für eine quantitative Analyse dagegen nimmt man die Probe aus einer möglichst homogenen Suspension.

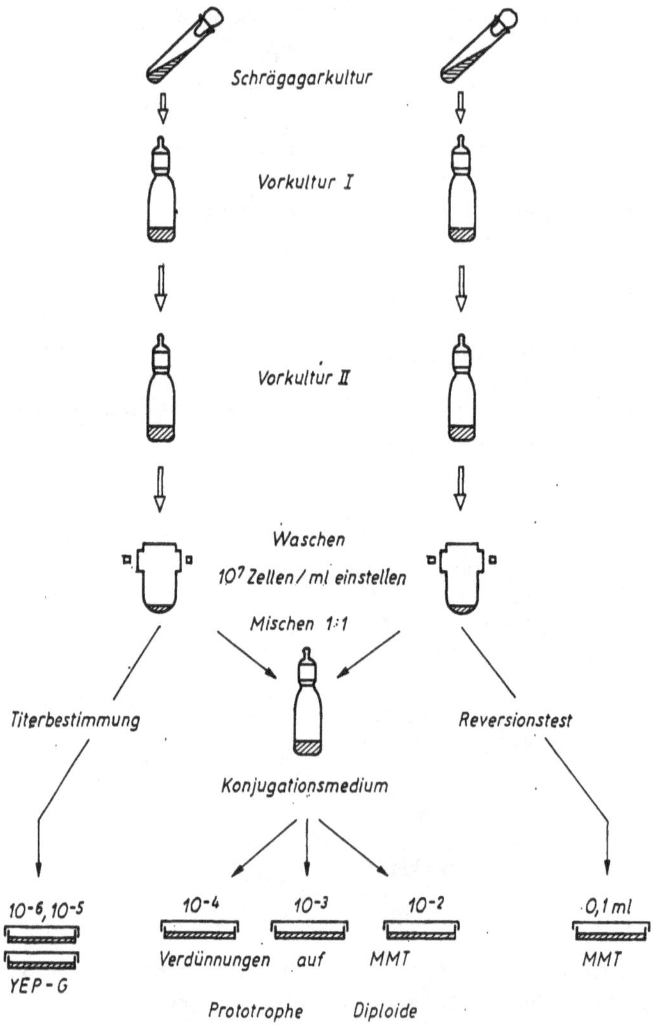

Abb. 23. Schematische Darstellung des Versuchsablaufs bei der Konjugation von *S. lipolytica.*

Versuchsablauf:

1. Mikroskopische Kontrolle auf Zygotenbildung

Anfertigung von Präparaten für die Beurteilung der Zygotenbildung. Entnahme von Proben zu unterschiedlichen Zeiten. Vorteilhaft sind auch hier Agar- oder Gelatinepräparate, letztere sind jedoch nur erforderlich, wenn mikrofotografische Aufnahmen gemacht werden sollen. Häufig sind viele Zygoten in dichte Flocken miteinander verflochten. Nach Auflage des Deckglases gelingt es durch mehrmaliges Andrücken desselben diese aufzulockern oder zu vereinzeln. Typische Zygotenformen von *Sacch. cerevisiae* und *S. lipolytica* sind auf Abb. 24 dargestellt.

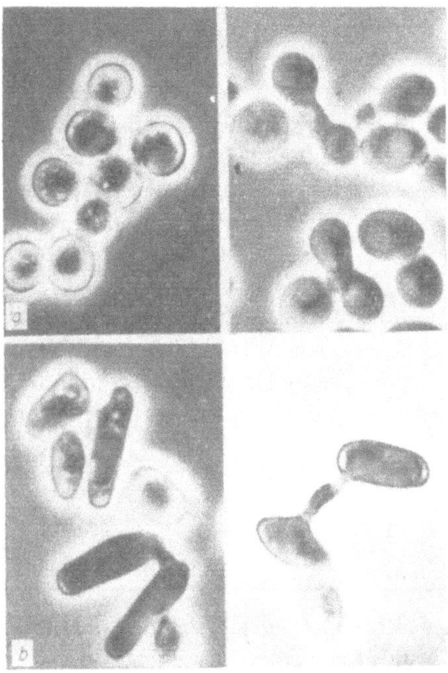

Abb. 24. Zygoten von *Saccharomyces cerevisiae* (a) und *Saccharomycopsis lipolytica* (b). Die Zygoten von *Sacch. cerevisiae* zeichnen sich durch eine charakteristische Hantelform aus. Im Unterschied dazu weisen bei *S. lipolytica* die Zygoten längere Kopulationsbrücken auf, die ihren Ursprung nicht nur an polaren Bereichen wie bei (b), sondern an beliebigen Orten der Zellen haben können. An einigen Zygoten wurden bereits diploide Knospen gebildet. Vergrößerungen 2000:1.

2. Quantitative Erfassung der Zygoten

Zur Ermittlung der Konjugationshäufigkeit wird der Anteil der Zygoten an der Gesamtzahl der kopulationsfähigen Zellen des Konjugationsgemisches mikroskopisch bestimmt.

Erforderliche Arbeitsgänge sind:

Herstellung einer möglichst homogenen Suspension

Herstellung der geeigneten Verdünnung

Auszählen von Einzelzellen und Zygoten

Berechnung des Anteils der Zygoten in %.

Bei der Ermittlung und Berechnung der Gesamtzellzahl ist zu berücksichtigen, daß eine Zygote jeweils aus zwei Zellen entstanden ist. Demzufolge muß die Anzahl der Zygoten mit 2 multipliziert werden und zu den Einzelzellen addiert werden, um die Gesamtzellzahl zu erhalten.

Prototrophentest

Die Anzahl der mikroskopisch ermittelten Zygoten stimmt nicht immer mit der Zahl der gebildeten diploiden Individuen einer Population im Konjugationsgemisch überein. Dies ist darauf zurückzuführen, daß nicht alle entstandenen Zygoten lebensfähig und zur Bildung eines diploiden Klons fähig sind. Wenn als haploide Ausgangsstämme auxotrophe Mutanten mit unterschiedlichen Bedürfnissen verwendet werden, entstehen im Ergebnis der Diploidisierung prototrophe Zygoten bzw. daraus gebildete diploide Zellen, da eine Komplementation, d. h. funktionelle Ergänzung zwischen beiden Mutanten erfolgt ist. Diese prototrophen Zellen lassen sich auf Minimalmedien erfassen, auf denen die haploiden Mutanten nicht wachsen können. Ihre Anzahl kann unter der der mikroskopisch ermittelten Zygoten liegen.

Auswertung

Die Konjugationshäufigkeit (%) wird aus der Anzahl der prototrophen Diploiden auf Minimalmedium im Verhältnis zu der Anzahl der auf YEP-G gewachsenen Kolonien, d. h. dem Titer zum Zeitpunkt der Probeentnahme bestimmt. Eventuell auftretende Revertanten sind bei der Erfassung der Prototrophen zu berücksichtigen.

10.1.1.2. Konjugation auf festen Medien

Komplementations-Plattentest

Diese Technik beruht auf dem gleichen Prinzip wie der Prototrophentest. Es werden komplementäre auxotrophe Mutanten beider Paarungstypen (PT) bzw. Mutanten eines bekannten Paarungstyps mit solchen unbekannten Paarungstyps jeweils für sich auf YM-Agar ausgestrichen und am nächsten Tag überkreuz auf Minimalmedium gestempelt. Im Falle einer erfolgten Konjugation erscheinen an den Überkreuzungsstellen diploide heterozygote Kolonien (Abb. 25b). Mit dieser Technik lassen sich auch Veränderungen des Paarungstyps erfassen.

Stämme:

Stämme komplementärer Paarungstypen von *S. lipolytica*, die durch Mutation unterschiedlich markiert sind. Zweckmäßigerweise verwendet man auxotrophe Mutanten. 1–2 Tage vor dem Experiment sind frische Schrägagarröhrchen zu beimpfen.

Material und Medien:

Steilbrustflaschen 50 ml, Pipetten, Objektträger, Stempel, Samttücher, Petrischalen, YEP-G-Medium flüssig, YM-Medium fest, MMT-Medium fest.
Alle Materialien sind zu autoklavieren.

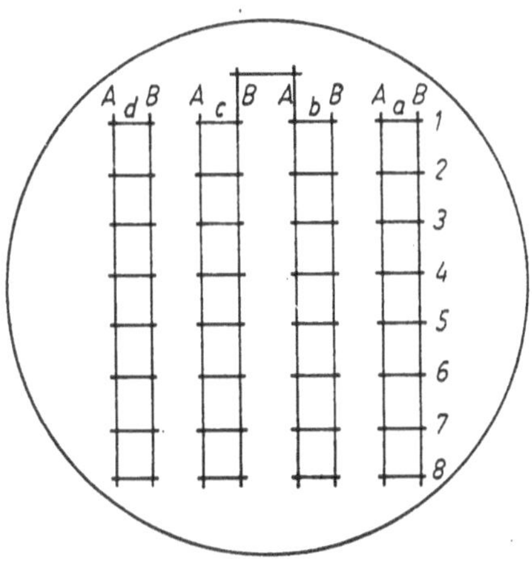

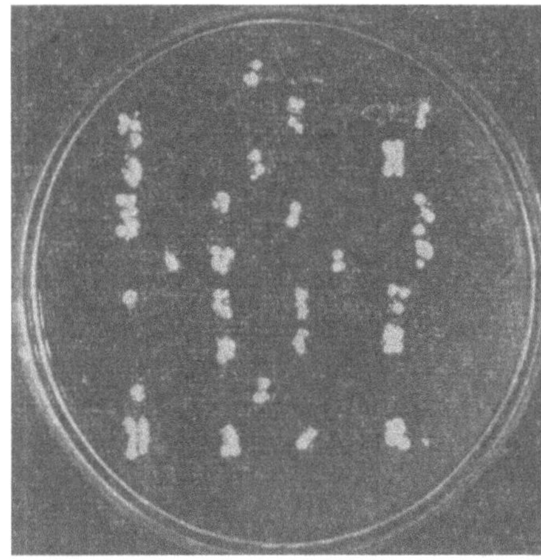

Abb. 25. Konjugations- und Komplementations-Plattentest.

Die in (a) dargestellte Schablone nach SACHAROV ermöglicht die Prüfung einer größeren Anzahl von Stämmen auf ihren Paarungstyp. Ebenso ist sie für die genetische Analyse geeignet. Auf (b) ist ihre Anwendung für die Ermittlung des Paarungstyps dargestellt. Die Referenzstämme werden in langen Impfstrichen aufgebracht, die zu analysierenden Stämme quer dazu ausgestrichen. Nach dem Überstempeln von YM-Medium auf MM-Medium treten an Überkreuzungsstellen prototrophe diploide Kolonien auf, die Rückschlüsse auf den Paarungstyp ermöglichen.

Arbeitsablauf:

1. Tag: Ansetzen der Vorkulturen der zu testenden Stämme durch Einbringen 1 Öse Impfmaterial von Schräg-Agarröhrchen in 10 ml YEP-G-Medium in die Steilbrustflaschen. Schütteln über Nacht. Gießen der YM-Platten.

2. Tag: Auf jeweils 2 YM-Platten werden Impfstriche der einen bzw. anderen Mutante aufgetragen. Das kann mit Hilfe einer Impföse oder mit Hilfe von Objektträgern erfolgen, deren Längsseite mit der Kultur bestrichen wird. Der Objektträger kann dazu auch flach in die in einer Petrischale befindliche Suspension der Vorkultur eingetaucht werden. Der Objektträger wird danach leicht 2—3mal auf den YM-Agar gedrückt. Die auf diese Weise beimpften Platten werden über Nacht inkubiert.
Gießen der Minimalmedium-Platten.

3. Tag: Auf eine Minimalmedium-Platte wird zunächst mit Hilfe des Samtstempels von einer YM-Platte (PT-A), dann in einem rechten Winkel dazu von der zweiten YM-Platte (PT-B) überstempelt. Es werden jeweils 2—3 solcher YM-Platten beimpft und anschließend in den Brutschrank gestellt.

4.—5. Tag: Bei erfolgter Konjugation erscheinen an den Überkreuzungsstellen einzelne prototrophe Kolonien oder dicht bewachsene Bereiche, was Rückschlüsse auf die Konjugationshäufigkeit zuläßt. Auf den Strichen neben den Überkreuzungsstellen darf lediglich ein Restwachstum der haploiden Mutanten erkennbar sein.

Wenn die prototrophen Kolonien groß genug sind, werden sie auf Schrägagar abgeimpft. Daran schließt sich eine Reinigung der Diploiden an.

Reinigung der Diploiden

Bevor die abgeimpften diploiden Kolonien zur Reinigung von noch vorhandenen haploiden Zellen auf Minimalmedium ausplattiert werden, sollten 1—2 Flüssigpassagen in MMT über Nacht erfolgen. Infolge des Wachstums der prototrophen Diploiden in diesem Medium kommt es zu deren Vermehrung. Wenn für die Konjugation Wildstämme verwendet werden, ist die Flüssigpassage in MMT oder auch YEP-G ebenfalls von Vorteil, weil bei den meisten Hefen die diploiden Zellen schneller wachsen als die haploiden und sich dadurch anreichern lassen.

Bestimmung des Paarungstyps

Diese Methode ist weitgehend mit der zuvor beschriebenen identisch. Die Testung einer größeren Anzahl von Stämmen wird ermöglicht, wenn die Platten nach der auf Abb. 25a dargestellten Schablone beimpft werden.

Stämme:

Auxotrophe Mutanten beider Paarungstypen oder mindestens eines Paarungstyps sowie Stämme mit unbekanntem Paarungstyp.

Material und Medien:

Petrischalen, Objektträger, Stempel und Samttücher, YEP-G-Medium fest, YM-Medium fest, MMT-Medium fest, MMT-Medium flüssig, Steilbrustflaschen 50 ml. Alle Materialien sind zu autoklavieren.

Arbeitsablauf:

1. Tag: Ansetzen der Vorkulturen der zu testenden Stämme durch Einbringen 1 Öse Impfmaterial von Schrägagarröhrchen in 10 ml YEP-G-Medium in den Kulturflaschen. Schütteln über Nacht. Gießen der YM-Platten.

2. Tag: Auf YM-Platten werden im Abstand von 7 mm jeweils zwei Impfstriche, am besten mit Hilfe der Längsseite von sterilen Objektträgern aufgebracht. Letztere werden dazu in die Vorkultur-Suspension der Referenzstämme (in einer Petrischale) flach eingetaucht und danach leicht auf den Agar der Petrischale gesetzt. Von diesen zwei Impfstrichen enthält jeweils einer Zellen des Paarungstyps A, der andere des Paarungstyps B (oder analoge Paarungstypen anderer Hefen). Auf diese Weise kann man auf eine Petri-

schale 4 derartige Doppelimpfstriche auftragen. Zweckmäßig ist die Verwendung einer Schablone (Abb. 25a) zur Gewährleistung gleicher Abstände.
Auf eine zweite Serie von Platten werden auf die gleiche Weise mit der Schmalseite von längs halbierten Objektträgern oder mit der Öse reihenweise untereinander, in Form von Leitersprossen, die einen Abstand von 1 cm haben, die zu testenden Stämme aufgetragen. Alle Platten werden inkubiert. Gießen der MMT-Platten.

3. Tag: Auf die MMT-Platten werden die inzwischen angewachsenen langen und kurzen Impfstriche überkreuz gestempelt, so daß die Form einer Leiter entsteht. Auf diese Weise wird jeder Teststamm mit beiden Referenzstämmen vereinigt.

4.—5. Tag: Wenn eine Konjugation stattgefunden hat, erscheinen an den Berührungsstellen komplementärer Paarungstypen diploide prototrophe Kolonien. Es erfolgt die Auswertung des Versuches und im Bedarfsfall die Abimpfung und Reinigung der Diploiden wie beschrieben.
Das Erscheinen von Prototrophen an den Überkreuzungsstellen von Test- und Referenzstämmen ermöglicht die umgehende Ermittlung des Paarungstyps der Teststämme. Erfolgt ein Wachstum im Bereich von A, handelt es sich um B und umgekehrt. Auf diese Weise kann eine große Anzahl von Stämmen überprüft werden. Pro Platte lassen sich nach dem vorgestellten Muster 32 Stämme analysieren (Abb. 25b).

Gerichtete Paarung von Einzelzellen

Mit Hilfe des Mikromanipulators kann eine unter mikroskopischer Kontrolle erfolgende gezielte Kreuzung vorgenommen werden, die eine Reinigung der Diploiden von haploiden Zellen, wie dies bei einer Massenkreuzung erforderlich ist, erübrigt, jedoch technisch aufwendig ist.

Stämme: wie oben

Material und Medien:

Mikromanipulator, Feucht-Kammern (für Mipu), Glasnadeln, Steilbrustflaschen, Deckgläser, feuchte Kammern (Petrischalen), Pipetten. Alle Glasgeräte sind zu autoklavieren. YEP-G-Medium flüssig, YEP-G-Medium fest.

Arbeitsablauf:

1. Tag: Vorkultur der zu kreuzenden Stämme in 50-ml-Steilbrustflaschen mit YEP-G auf der Schüttelmaschine über Nacht. Autoklavieren aller Geräte. Anfertigung der Glasnadeln.

2. Tag: Auf Deckgläser wird aseptisch ein dünner YEP-G-Agarfilm aufgezogen. Aufbewahrung in einer feuchten Kammer. Darauf werden in einem Abstand von 1 cm quer zur Längsrichtung des Deckglases mit der

Impföse Suspensionen beider Vorkulturen ausgestrichen. Mit Hilfe der Glasnadel werden zuerst von dem einen, dann von dem anderen Stamm 3–4 Zellen bis zur Mitte zwischen beiden Strichen transportiert und dort abgesetzt, so daß jeweils zwei Zellen der komplementären Paarungstypen aneinander gelagert werden. Danach wird das Präparat 4–6 Stunden bei 28 °C inkubiert. Nach dieser Zeit erfolgt eine mikroskopische Kontrolle auf die Bildung der Zygote bzw. nach weiteren 4 Stunden auf die Ausbildung diploider Knospen. Mit Hilfe der Nadel erfolgt nunmehr die Isolierung der Zygote oder diploiden Zellen, die am besten in ein kleines Volumen YEP-G flüssig gebracht und vermehrt werden.

Anmerkung. Nicht alle paarweise aneinandergelegten Zellen bilden eine Zygote. Nicht alle isolierten Zygoten oder diploiden Zellen wachsen an. Daher ist stets eine größere Zahl Zellen zu isolieren.

Charakterisierung der Hybriden

Die aus einer Massenkreuzung oder einer paarweisen Kreuzung erhaltenen prototrophen Linien müssen nunmehr einer eingehenden genetischen Analyse sowie im Falle technologisch interessanter Leistungen einer biochemischen und physiologischen Charakterisierung unterzogen werden. Sofern Mutanten mit geeigneten genetischen Markern in Kreuzungsexperimente einbezogen wurden, erfolgt die Analyse entsprechend den in Kap. 4 beschriebenen Methoden. Bei der Kreuzung von Produktionsstämmen ist diese Analyse nur begrenzt einsetzbar. Eine Charakterisierung der für die Praxis bedeutsamen Merkmale und Leistungen ist in der Regel sehr aufwendig, da eine Erfassung dieser Merkmale häufig nur über die Prüfung einzelner Hybriden mittels biochemischer Methoden und nur selten über eine Massenselektion möglich ist. Hierzu zählen solche Charakteristika wie Zuckerverwertung, Alkoholproduktion und -toleranz, Flockulation, Wachstumsrate, Proteingehalt u. a. m.

10.2. Somatische Hybridisierung

Bei den perfekten Hefen wird die Neukombination (Rekombination) der genetischen Information durch die sexuellen Prozesse, insbesondere durch die während der Meiose ablaufenden Austauschprozesse, gewährleistet. Bei den imperfekten Hefen besteht diese Möglichkeit, wie wir nun wissen, nicht. Schon länger ist von verschiedenen anderen Pilzen bekannt, daß neue Kombinationen in beschränktem Umfang über den sogenannten parasexuellen Weg realisiert werden. Der zuerst bei *Aspergillus niger* nachgewiesene Parasexualzyklus beinhaltet die Sequenzen Zellfusion, Karyogamie (10^{-6}/Kerngeneration), mitotisches Crossing over ($5 \cdot 10^{-2}$/Kerngeneration) und schließlich Haploidisierung (10^{-3}/Kerngeneration). Im Ergebnis dieses Zyklus entstehen mitotische Rekombinanten, die ungeachtet der niedrigen Frequenz in der Evolution der imperfekten Formen von Bedeutung gewesen sein müssen.

Inzwischen wurden bei verschiedenen anderen Pilzen, darunter auch Hefen, spontane mitotische Rekombinationen sowie Haploidisierungsvorgänge nachgewiesen, deren geringe Frequenz durch Anwendung von UV sowie chemischer Agenzien (Mitomycin, p-Fluorphenylalanin u. a.) erhöht werden kann. Der auf diese Weise mögliche Nachweis der Rekombination und Segregation von Markern in sich mitotisch teilenden Zellen hat auch für die imperfekten Pilze Möglichkeiten der genetischen Analyse eröffnet und sie für genetische Untersuchungen zugänglich gemacht. Durch die Anwendung von mitotischer Rekombination und Haploidisierung können Kopplungsgruppen nachgewiesen, Gensequenzen ermittelt sowie die Lage des Zentromers auf den Chromosomen bestimmt werden. Im Unterschied zu den streng regulierten und häufigen sexuellen Rekombinationsprozessen sind die parasexuellen Ereignisse spontan, zufällig und selten, so daß man ihre praktische Bedeutung gegenwärtig in erster Linie in der Nutzung für die genetische Analyse sehen kann, weniger für die Gewinnung von Hybriden.

Neue Wege zur Schaffung von Hybriden, vor allem bei imperfekten Hefen, eröffnet die experimentelle Fusion von wandlosen Zellen (Protoplasten-PPL) unter Verwendung sogenannter Fusogene wie Polyethylenglykoll, Concanavalin A, Lysolecithin und anderer Verbindungen. Auf diese Weise ist es möglich, Protoplasten unterschiedlich verwandter Hefen zu verschmelzen. So sind bereits inner- und zwischenartliche (intra- und interspezifische) Hybriden aus Protoplasten von Zellen verschiedener Arten und Gattungen bei Pilzen, darunter Hefen, beschrieben worden. Die Stabilität der letztgenannten Hybriden ist jedoch sehr gering und ihre genetische Analyse steckt noch in den Anfängen. Trotzdem kann diese Methode bereits mit Erfolg zur Erzeugung von Hybriden eingesetzt werden und läßt weitere Fortschritte auf dem Gebiet der somatischen Hybridisierung erwarten.

Protoplasten und Sphäroplasten stehen schließlich bei der Entwicklung und experimentellen Anwendung einer Reihe weiterer Techniken der genetischen Manipulation Pate. Die Inkorporation von genetischem Material unterschiedlicher Herkunft, einschließlich clonierter Hybrid-DNS unter Verwendung transformierender oder transduzierender Vektoren in Hefe-Protoplasten (2 µm-DNS, virusähnliche Partikel) sowie die Erschließung von Möglichkeiten der Konstruktion Strukturgen-tragender Transposons, eröffnen weitere Perspektiven für die Schaffung neuer Stämme.

10.2.1. Fusion von Hefeprotoplasten

Da die spontane somatische Fusion von Hefeprotoplasten ein seltenes Ereignis darstellt, liefen die Bemühungen der letzten Jahre darauf hinaus, diesen Prozeß zu induzieren. Von einer Reihe Verbindungen erwies sich Polyäthylenglykoll (PEG) wegen seiner aggregationsfördernden und osmotischen Wirkung dafür als besonders geeignet. PEG wird gegenwärtig in vielen Laboratorien bei der Fusion mikrobieller und pflanzlicher Protoplasten mit Erfolg als chemisches Fusogen eingesetzt. PEG kommt als 25–40%ige Lösung zur Anwendung, wobei Polymeren mit einem Molekulargewicht von 4000–6000 der Vorzug gegeben wird. Die Aggregation der Protoplasten wird durch Zusatz von Ca^{++}-Ionen (10 mM $CaCl_2$) gefördert, indem die negative Oberflächenladung der Membran beseitigt wird und somit ein möglichst enger Kontakt der Protoplastenmembranen zustande kommt. Die Fusion von Hefeprotoplasten wird wesentlich beeinflußt durch den Zustand, die Reinheit und Anzahl der Protoplasten. Daher wird empfohlen, mit möglichst jungen, innerhalb von 30 Minuten freigesetzten Protoplasten zu arbeiten, die Protoplastenpräparation so rein wie möglich auszuwaschen und mit einem Titer von etwa 10^7–10^8 PPL/ml zu arbeiten, wobei ein Verhältnis der eingesetzten Fusionspartner von 1:1 einzuhalten ist. Ein sicherer Nachweis einer erfolgten Hybridisierung läßt sich am besten bei Verwendung selektiver Nährmedien führen. Dabei sind solche Bedingungen zu wählen, unter denen ein Wachstum der Eltern unterbunden, das der Hybriden jedoch möglich ist. Aus diesem Grunde werden als Fusionspartner möglichst stabile polyauxotrophe Mutanten verwendet, bei denen eine Rückmutation zum Wildtyp sehr unwahrscheinlich ist und die auf Minimalmedium nicht wachsen können. Ähnlich günstig sind auch Partner, die sich hinsichtlich der C-Verwertung unterscheiden. Auf den gewählten selektiven Medien werden also nur prototrophe Hybriden (Heterokaryen oder Rekombinanten) im Ergebnis der Komplementation zum Wachstum fähig sein. Auf eine erfolgreiche Fusion kann demnach geschlossen werden, wenn bei Verwendung (haploider) auxotropher Mutanten auf einem Minimalmedium prototrophe heterozygote Kolonien (diploider) Hefen nachweisbar sind und Kreuzfütterung, Rückmutationen oder Kontaminationen ausgeschlossen werden können. Dazu sind entsprechende Kontrollen anzusetzen. Da die Verschmelzung mehrer Protoplasten nicht ausgeschlossen ist, können im Ergebnis der Protoplastenfusion nicht nur diploide, sondern auch polyploide Hybriden erwartet werden. Voraussetzung für den Nachweis einer Fusion, d. h. zur Koloniebildung fähiger Hybridzellen, ist die Gewährleistung einer möglichst hohen Regenerationsrate der Protoplasten, da nur die Wiederherstellung der Wand und die nachfolgende Koloniebildung eine Selektion ermöglicht. An die Mutanten, die in Fusionsexperimenten verwendet werden sollen, müssen besondere Ansprüche gestellt werden. Hierzu gehören neben einer hohen genetischen Stabilität ein gutes Wachstum, eine hohe Protoplasten-Bildungsrate sowie eine gute Regenerationsfähigkeit.

Die Protoplastenfusion ist eine Methode der somatischen Hybridisierung, mit deren Hilfe Genome unterschiedlich verwandter Organismen zusammengeführt werden können. In Abhängigkeit vom Verwandtschaftsgrad unterscheidet man die

intraspezifische Fusion	– Fusion von Protoplasten ein und derselben Art
interspezifische Fusion	– Fusion von Protoplasten aus verschiedenen Arten derselben Gattung
intergenerische Fusion	– Fusion von Protoplasten aus verschiedenen Gattungen
interkingdom-Fusion	– Fusion von Protoplasten weiter entfernter Taxa.

10.2.1.1. Methodik der Protoplastenfusion

Bei der somatischen Hybridisierung von Hefen mittels Protoplastenfusion wird von haploiden auxotrophen Mutanten ausgegangen. Dies erleichtert die Selektion der heterozygoten Fusionsprodukte als prototrophe Kolonien auf Minimalmedium. Die Induktion der Fusion durch Polyäthylenglykoll erfolgt generell für alle Arten der Protoplastenfusion, unabhängig vom Verwandtschaftsgrad der Hefen. Zweckmäßigerweise beginnt man mit der intraspezifischen Fusion, da hier in der Regel höhere Fusionsraten erhalten werden. Wenn man dabei Protoplasten beider Paarungstypen einer Art verwendet, läßt sich das Fusionsereignis gut durch die Sporulation der erhaltenen Hybriden bestätigen.

Stämme und Material:

Diauxotrophe Mutanten von *Saccharomyces cerevisiae, Saccharomycopsis lipolytica.* 50-ml-Steilbrustflaschen, Zentrifugengläser, Reagenzgläser, Pipetten, THOMA-Zählkammer, Petrischalen, Schüttelmaschine.

Medien und Lösungen:

Es werden alle in Kap. 9 verwendeten Medien benötigt. Die osmotisch stabilisierten Medien sind durch OS gekennzeichnet: YEP-G – flüssig und fest, OSYEP-G – osmotisch stabilisiert (1,4 M Sorbit) fest, MMT – fest, OSMMT – fest, OSAM – (Agar und $CaCl_2$ doppelt konzentriert getrennt autoklavieren, danach vereinigen), Präparationsmedium, Tris-EDTA-Mercaptoäthanol-Lösung, l-Cystein-Lösung, Schneckenenzym, PEG (MG 6000) 35–40%ige Lösungen.

Versuchsablauf:

Der Versuchsablauf ist schematisch auf Abb. 26 dargestellt. Jeweils 2 ml der frisch gewonnenen und in 1,4 M Sorbitlösung gewaschenen Protoplastensuspensionen beider Fusionspartner werden im Verhältnis 1:1 gemischt. Die Gesamtzahl der Protoplasten

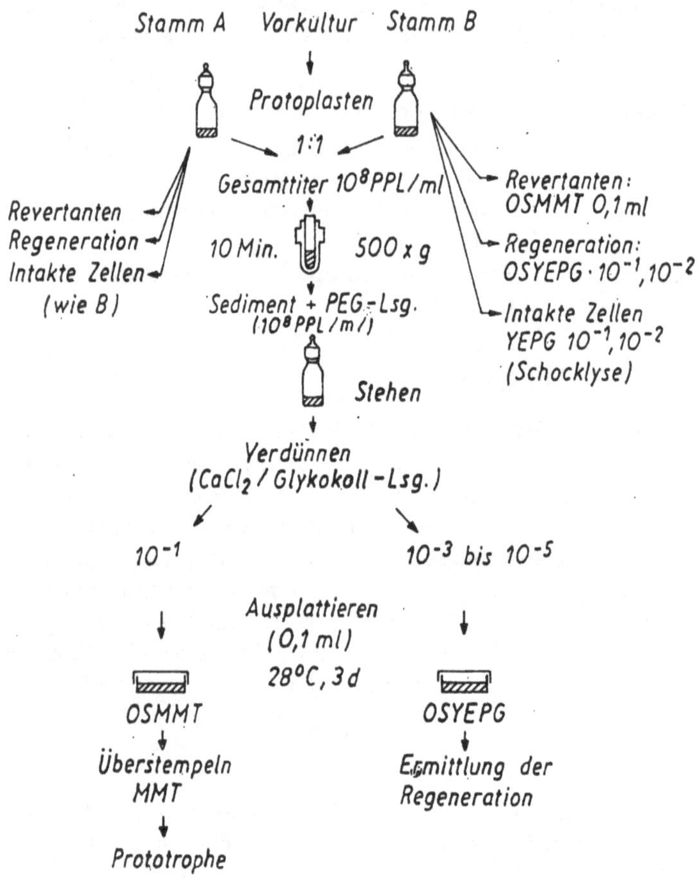

Abb. 26. Schematische Darstellung des Versuchsablaufs bei der Fusion von Hefeprotoplasten mittels Polyäthylenglykoll.

im Fusionsgemisch soll 10^8 PPL/ml betragen. Die Protoplasten werden im Verlaufe von 10 Min. bei 500 xg zentrifugiert, der Überstand wird verworfen und dem Protoplastensediment werden 2 ml der 40%igen PEG-Lösung zugesetzt. Nach vorsichtigem Verrühren wird das Gemisch leicht bei 28 °C im Verlaufe von 30 Minuten geschüttelt, von der Schüttelmaschine genommen und 10 Min. stehen gelassen. Nachdem die PEG-

Behandlung abgeschlossen ist, wird das Fusionsgemisch entsprechend verdünnt auf Platten mit Minimalmedium ausplattiert. Das vielfach beschriebene Auswaschen des PEG mit 1,4 M Sorbit ist nicht unbedingt erforderlich. Es sind Kontrollplatten anzusetzen zur

Bestimmung intakter Zellen (nach Schocklyse bzw. auf nicht stabilisiertem YEP-G)
Bestimmung der Regenerationsrate (auf OSYEP-G)
Bestimmung von Rückmutationen (auf OSMMT).

10.2.1.2. Charakterisierung somatischer Hybriden

Nach der Selektion der Hybriden sind diese auf ihre genetische Stabilität zu untersuchen sowie zellbiologisch, biochemisch und genetisch zu identifizieren und zu charakterisieren. Diese Charakterisierung dient in erster Linie dem Nachweis der Hybridnatur der Fusionsprodukte, ihrer Stabilität sowie der Kombination von Merkmalen und Leistungen. Im einzelnen werden folgende Kriterien analysiert:

Zellbiologische Charakterisierung

Koloniemorphologie und -größe
Zellmorphologie
Zellgröße (Volumen)
Kernstatus (Hetero- oder Synkaryen)
Sporulation

Biochemische und physiologische Charakterisierung

DNS-Gehalt
Zuckerverwertung
Verwertung anderer C-Quellen
Wachstum
Enzymproduktion
Produktbildung

Genetische Charakterisierung

Meiotische Segregation
Mitotische Segregation bzw. Haploidisierung (p-Fluorphenylalanin, Mitomycin, Benomyl, γ-Strahlen)
Genetische Stabilität

Um genetische Veränderungen während der nachfolgenden Passagen zu reduzieren, ist es vorteilhaft, nach der ersten Identifizierung die Fusionsprodukte umgehend zu konservieren. Hierfür wird die N_2-Konservierung als die günstigste Methode angesehen. Bei Haltung auf Agar sind Selektivmedien zu verwenden.

Literatur

ANNÉ, J., J. F. PEBERDY (1975): Conditions for induced fusion of fungal protoplasts in polyethylene glycol solutions. Arch. Microbiol. **105**, 201–205.

FERENCZY, L., F. KEVEI, M. SZEGEDI (1975): High frequency fusion of fungal protoplasts. Experimentia **31**, 1028–1030.

FOWELL, R. R., (1955): The hybridization of yeasts. J. appl. Bact. **18**, 149–160.

FOWELL, R. R., (1969): Sporulation and hybridization of yeasts. in: The yeasts, vol 1, ed. by A. H. Rose and J. S. Harrison. Academic Press, London – New York.

HINNEN, A., J. HICKS and G. FINK (1978): Transformation in yeast. Proc. Nat. Acad. Sci. USA, **75**, 170–172.

JOHNSTON, J. R., and H. OBERMANN (1979): Yeast genetics in industry, in: Progress in industrial microbiology ed. by M. J. Bull, vol. **15**. Elsevier Sci. Publ. Comp. Amsterdam, Oxford, New York.

KASSIR, Y., and G. SIMCHEN (1976): Regulation of mating and meiosis in yeast by the mating-type region. Genetics **82**, 187–206.

PROVOST, A., G. BOURGUIGNON, P. FOURNIER, A. M. RIBET, H. HESLOT (1978): Intergeneric hybridization in yeast through protoplast fusion. FEMS Microbiology Letters, **3**, 309–312.

STRATHERN, J. N., E. SPATOLA, C. MCGILL and J. B. HICKS (1980): The structure and organization of transposable mating type cassettes in *Saccharomyces* yeasts. Proc. Natl. Acad. Sci. USA **77**, 2839–2843.

ZIMMERMANN, F. K. (1973): Identification of new genes in disaccharide fermentation in yeast. Mol. Gen. Genet. **123**, 29–41.

11. Sporulation

Die sexuelle Reproduktion der ascosporogenen Hefen umfaßt zwei komplexe Phasen: Konjugation und Sporulation. Mit der Konjugation vollzieht sich der Übergang von der Haplophase zur diploiden Stufe des Genoms. Während der Sporulation kommt es zur Reduktionsteilung und Ascusbildung. Eines der entscheidenden Ereignisse der Sporulation ist die Meiose. Während der Meiose, die in Abhängigkeit vom Hefetyp (haplo- bzw. diplobiontischer Typ) sowie von physiologischen Faktoren früher oder später eingeleitet wird, erfolgt die Neukombination des genetischen Materials sowie die Reduktion des diploiden Chromosomensatzes auf den haploiden Status. Auf diese Weise entstehen im Ergebnis zweier aufeinanderfolgender Kernteilungen (Meiose I und II) vier haploide Kerne, deren weitere Entwicklung zu vier haploiden Sporen führt. An der genetischen Kontrolle und Regulation des komplexen Sporulationsprozesses bei *Saccharomyces cerevisiae* sind mehr als 50 Gene beteiligt. Gegenwärtig ist folgende Sequenz wesentlicher morphologisch nachweisbarer Meioseereignisse beschrieben:

Prämeiotische DNS-Synthese — Rekombinationsprozesse — Bildung des synaptonemalen Komplexes — 1. Verdopplung des kernassoziierten Organells (Spindelbildung) — Beginn der Meiose I (Kernstreckung) — 2. Verdopplung des kernassoziierten Organells — Beginn der Meiose II — Kerntrennung.

Diese Ereignisse laufen bei *Saccharomyces cerevisiae* bei optimalen Bedingungen in etwa 12 Stunden ab. Bei den meisten ascosporogenen Hefen ist charakteristisch, daß sich in der zum Ascus umfunktionierten vegetativen Mutterzelle, eng korrelliert mit den Meioseereignissen, folgende Sporulationsereignisse vollziehen:

Bildung und Wachstum der Präsporen, Einwandern der separierten Kerne, Präsporenverschluß und Askosporenreifung.

Die Meiose und die mit ihr eng gekoppelte Sporenbildung werden initiiert, wenn diploide Hefen, die bezüglich ihrer Paarungstypallele (a und α) heterozygot sind, auf ein N-freies Medium gebracht werden, das eine verwertbare

C-Quelle besitzt. Bei Überführung auf ein Sporulationsmedium werden die begonnenen Mitosen zu Ende geführt und die angelegten Knospen wachsen bis zur normalen Zellgröße aus. Die Unterbindung der Knospenbildung ist eine wesentliche Voraussetzung für die Sporulation. Der Übergang zur Sporulation vollzieht sich in der Regel nur unter speziellen physiologischen Bedingungen, die die DNS- und Proteinsynthese beeinflussen. Wesentlich für diesen Übergang sind N- und C-Quelle, Sauerstoffversorgung, Temperatur, Vitamine und verschiedene andere Faktoren.

Die Sporulation wird in zwei Phasen, die Präsporulations- und Sporulationsphase untergliedert, die bezüglich der physiologischen Bedingungen unterschiedliche Ansprüche stellen. Während in der Präsporulationsphase für die Kultur gute Wachstumsbedingungen erforderlich sind, erweist sich in der eigentlichen Sporulationsphase eine Limitation verschiedener Faktoren als günstig. Außer dem Entzug der N-Quelle ist die Reduzierung der C-Quelle bis auf 0,01—0,1% von maßgeblicher Bedeutung. Geringe Glucosekonzentrationen sind bei *Saccharomyces cerevisiae* wegen der damit verbundenen Derepression der Atmung für die Sporulation vorteilhaft. In diesem Zusammenhang ist auch der günstige Einfluß von Acetat zu sehen. Die Verwendung von Frucht- und Gemüsesäften besitzt offensichtlich nicht nur wegen des Vitamingehaltes, sondern auch wegen der Menge und Art des darin enthaltenen Zuckers und deren Beziehung zur Katabolitrepression eine sporulationsfördernde Bedeutung. So führt die Verwendung von Medien, in denen keine Repression der Enzyme des Tricarbonsäurezyklus erfolgt, zu einer besseren Synchronisation der Sporulation. Schließlich wird durch eine gute Versorgung mit Sauerstoff die Sporulation begünstigt, was durch Schütteln oder Beimpfen von Gipsblöcken gewährleistet wird. Die optimale Sporulationstemperatur liegt zwischen 25 und 30 °C. Die Ascosporenbildung bei Hefen stellt einerseits ein geeignetes Modell zur Untersuchung von Differenzierungsprozessen bei Eukaryoten dar, andererseits ermöglicht sie die Analyse der genetischen Rekombination und Segregation der elterlichen Chromosomen und Gene während der Meiose. Die vier im Ergebnis der Meiose entstandenen Sporen (Tetrade) bzw. daraus hervorgehenden Klone bieten eine günstige Grundlage zur Untersuchung ihrer genetischen Konstitution (Tetradenanalyse) (s. Kap. 12).

Bei *Saccharomyces cerevisiae* sowie vielen anderen ascosporogenen Hefen entstehen im Normalfall vier Sporen. Bei manchen Hefen (*Schizosaccharomyces*) resultiert aus einer postmeiotischen Mitose eine Verdopplung, was zu acht Sporen führt.

Abgesehen von einigen Laboratoriumsstämmen, die bevorzugt komplette Tetraden bilden können, sporulieren die meisten Wild- und Produktionsstämme perfekter Hefen sehr schlecht und weisen nur selten viersporige Asci auf. Häufig können homozygote diploide oder polyploide Stämme sowie Stämme mit nicht eindeutiger Paarungstypkonstitution der Grund für das Ausbleiben der Sporulation sein. Die Ursache für die Entstehung inkompletter Tetraden, d. h. Asci, die irreguläre Sporenzahlen von 1—3 aufweisen, sind häufig in Chromosomenmutationen wie Translokationen oder Inversionen zu suchen, sie können aber auch durch Aneuploidie, durch Kernanomalien oder Mutationen, die die Korrelation von Meiose- und Sporenbildungsprozessen stören, verursacht sein. Ein weiterer Nachteil von Wildtypstämmen ist die geringe Keimfähigkeit der Sporen, was ebenfalls durch Aneuploidie, Mutation oder Letalfaktoren bedingt sein kann. In der Regel ist bei Wildstämmen sowohl die Sporulationsrate, die Fähigkeit zur Bildung vollständiger Tetraden wie auch die Keimfähigkeit der Sporen sehr gering. Derartige Stämme sind daher, wie bereits erwähnt, für genetische Untersuchungen nicht oder nur bedingt geeignet. Im Falle der Notwendigkeit einer genetischen Bearbeitung solcher Stämme ist die Züchtung geeigneter fertiler Stämme unumgänglich. Durch aufwendige Inzuchtprogramme gelingt es, die erwähnten Defekte oder Faktoren zu eliminieren und die Sporulationsfrequenz und Tetradenhäufigkeit zu optimieren. Ebenso kann auf diese Weise die Keimfähigkeit auf ein Maß erhöht werden, das die Anwendbarkeit von Methoden der genetischen Analyse, speziell der Tetradenanalyse, möglich macht.

11.1. Die Induktion der Sporulation

Präsporulationsphase

Die beste Sporulation bei Hefen ist im Anschluß an eine aktive Wachstumsphase zu beobachten. Aus vielfältigen Versuchen geht hervor, daß die Vorkultur einer zur Sporulation vorgesehenen Hefe auf einem nährstoff- und vitaminreichen Medium, einem sog. Präsporulationsmedium, erfolgen muß. Ein gutes Wachstum wird auf solchen komplexen Medien wie YM-, YEP-G, Gorodkowa-Agar, Bierwürze, Malz- oder mit Frucht- und Gemüsesäften angereicherten Medien erreicht. Einige dieser Medien sind in der Anlage aufgeführt. Dabei ist es in der Regel unerheblich, ob die Vorkultur auf festem oder in flüssigem Medium erfolgt. Die Verwendung eines flüssigen Präsporulationsmediums ermöglicht die Herstellung homogener Suspensionen, was für das nachfolgende Plattieren auf festen Sporulationsmedien vorteilhaft ist.

Sporulationsphase

Für die Beobachtung der Sporulation werden Hefen vom Präsporulationsmedium auf ein Sporulationsmedium übertragen. Grundsätzlich scheint es kein universelles Sporulationsmedium für verschiedene Hefen zu geben. Nachfolgend werden einige Methoden und Bedingungen beschrieben, die zur Induktion der Sporulation bei *Sacch. cerevisiae* und *S. lipolytica* führen.

Sporulation bei *Saccharomyces cerevisiae*

Material und Medien:

YEP-G oder YM-Medien (flüssig und fest), Na-Acetat-Medium (flüssig und fest), GORODKOWA-Agar, Petrischalen, Kulturflaschen, Pipetten, DRIGALSKI-Spatel

Stämme:

Diploide Stämme von *Sacch. cerevisiae*

Arbeitsablauf:

Sporulation auf festem Medium

1. Tag: Beimpfen von Schrägagar oder Platten mit YEP-G oder YM-Agar. Gießen von Na-Acetat-Platten

2. Tag: Abschwemmen des Heferasens mit aqua dest. Ausspateln der Suspension auf Platten mit Na-Acetat-Agar oder GORODKOWA-Agar. Inkubation bei 28 °C

4.—5. Tag: Mikroskopische Kontrolle und Beurteilung der Sporulation

Sporulation in flüssigem Medium

1. Tag: Beimpfen von Schrägagar mit YEP-G oder YM-Agar

2. Tag: Abschwemmen des Schrägagars, Herstellen eines Inokulums von ca. $5 \cdot 10^4$ Zellen/ml in YEP-G. Beimpfen von zwei Steilbrustflaschen mit etwa 10 ml dieses Inokulums. Über Nacht (ca. 20h) bei 28 °C schütteln.

3. Tag: Abzentrifugieren der Suspension, auswaschen mit aqua dest. Herstellen eines Inokulums von $5 \cdot 10^7$ Zellen/ml im flüssigen Na-Acetat-Medium. Beimpfen von zwei Steilbrustflaschen mit dieser Suspension. Schütteln auf der Schüttelmaschine bei 28 °C. Kontrolle auf Sporulation nach 4—6 Tagen.

Sporulation auf Gipsblöcken

Herstellung der Gipsblöcke: 8 Teile Wasser werden mit 3 Teilen Gips schnell verrührt und in eine geeignete Form gegossen, wobei darauf zu achten ist, daß auf einer Seite eine glatte Oberfläche entsteht. Nach dem Abbinden wird der erhärtete Gips in kleine Blöckchen geschnitten.

1. Tag: Ansetzen einer Vorkultur auf festem YEP-G-Medium (Schrägagar oder Petrischale). Inkubation bei 28 °C. Autoklavieren der Gipsblöcke in kleinen hohen Petrischalen.

2.—3. Tag: Abschwemmen des Heferasens mit aqua dest. Auftragen der dichten Hefesuspension auf die Gipsblöcke.

5. Tag: Beginn der mikroskopischen Kontrolle der Sporulation durch fortlaufende tägliche Probenentnahmen.

Die Gipsblöcke sind durch Auftropfen von aqua dest. oder 0,5% Na-Acetatlösung stets feucht zu halten. Neben Gipsblöcken können auch Blöcke aus Zement oder Kieselgur verwendet werden. Gegenwärtig wird diese Methode nur noch selten eingesetzt.

Sporulation auf Gemüsescheiben

Ähnlich wie die Gipsblöcke können sterilisierte Möhren- oder Kartoffelscheiben mit einer entsprechend gut gewachsenen Hefususpension beimpft und nach einigen Tagen mikroskopisch auf die Sporenbildung untersucht werden.

Sporulation bei *Saccharomycopsis lipolytica*

Bislang ist bei *S. lipolytica* die Sporulation lediglich auf festen Medien beschrieben worden. Unter diesen Bedingungen bildet die Hefe kompakte faltige Kolonien, die im wesentlichen aus Pseudomycel bestehen. Die ovalen oder

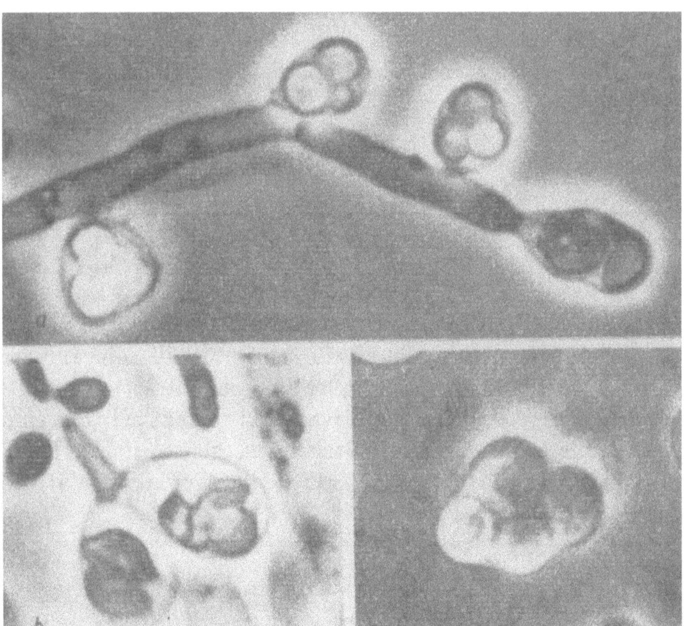

Abb. 27. Sporenbildung bei ascomycetalen Hefen
(a) — Asci mit sphärischen und (b) bohnenförmigen Sporen an Pseudomycelzellen von *S. lipolytica*.
(c) — Ascus mit sphärischen Sporen bei *Sacch. cerevisiae*. Vergrößerungen ca. 2500:1.

keulenförmigen Asci entstehen durch Knospung an längeren oder kürzeren Zellen dieses Pseudomycels (Abb. 27a) und enthalten meist 1—3, bei optimierten Stämmen auch vier hutförmige, teilweise auch runde Ascosporen.

Material und Medien:

Schrägagarröhrchen mit YEP-G-Agar Petrischalen Gemüsesaft-Agar

Stämme:

Diploide Stämme von *S. lipolytica*

Arbeitsablauf:

1. Tag: Beimpfen von Schrägagarröhrchen, Gießen der SCM oder Gemüsesaftagar-Platten

2. Tag: Auf Platten mit Gemüsesaftagar werden mehrere Impfstriche von der diploiden Schrägagarkultur aufgebracht. Es kann von einer flüssigen Vorkultur ausgegangen werden. Inkubation bei 28 °C.

5.—7. Tag: Anfertigung von Präparaten und mikroskopische Kontrolle auf Vorhandensein von Asci.

11.2. Mikroskopische Beurteilung der Sporulation

Bestimmung der Sporulationshäufigkeit

Nach Entnahme, Verdünnen und Homogenisieren einer Probe von den Sporulationsplatten bzw. des flüssigen Sporulationsansatzes wird die Anzahl der Asci und vegetativen Zellen mikroskopisch (40er Phasenkontrast) ermittelt. Die Asci unterscheiden sich von den vegetativen Zellen deutlich. Sie sind größer als letztere und durch die darin enthaltenen Ascosporen in der Regel deformiert. Die Sporulationshäufigkeit wird in Prozent (Asci zu vegetativen Zellen $\times$ 100) ausgedrückt.

Ermittlung des Anteils viersporiger Asci (Tetraden)

Es wird ähnlich verfahren, wie bei der Ermittlung der Sporulationshäufigkeit. Die Anzahl kompletter Tetraden wird in Prozent zur Gesamtzahl der enthaltenen Asci ausgedrückt. Weiterhin kann auf die gleiche Weise der Anteil der 1-, 2- und 3sporigen Asci bestimmt werden. Für eine bessere Beurteilung der Asci sind Agarpräparate zu verwenden.

Morphologische Beurteilung der Sporen und Asci

Durch Verwendung von Agarpräparaten läßt sich die Morphologie von Ascosporen und Asci gut beurteilen. Zu charakterisieren ist die Sporenform — rund, oval, hut-, bohnen- oder bootförmig und die Sporenanordnung — geordnete oder ungeordnete Tetraden. Auf älteren Sporulationsplatten können bereits freie Ascosporen vorkommen. Unreife Asci erscheinen als turgeszente Gebilde, in denen die Sporen unterschiedlich entwickelt sein können. Reife Asci sind geschrumpft, das Epiplasma, sofern noch vorhanden, weist eine grobkörnige Struktur auf.

11.3. Methoden der Sporenisolierung

In Abhängigkeit von der Sporulationshäufigkeit, dem Grad der Tetradenbildung sowie der Keimfähigkeit der Ascosporen des zu charakterisierenden Stammes kann man entweder die Massenanalyse oder die Tetradenanalyse anwenden. Bei Stämmen mit guten Fertilitätskriterien wird man auf jeden Fall der Tetradenanalyse den Vorzug geben. Bei schlecht sporulierenden Stämmen dagegen ist die Sporen-Massenanalyse das Mittel der Wahl. Hiervon leitet sich die Art der Sporenisolierung ab, d. h. die Sporen-Massenisolierung oder die Isolierung von Einzelsporen.

11.3.1. Methoden der Sporen-Massenisolierung

Da sich bei der Überführung auf ein Sporulationsmedium nicht jede diploide Zelle in einen Ascus verwandelt, ist für die Sporen-Massenisolierung im Hinblick auf die genetische Analyse die selektive Anreicherung oder Abtrennung der haploiden Sporen von vorhandenen vegetativen diploiden Zellen bzw. das Abtöten der letzteren eine entscheidende Voraussetzung. Das Vorhandensein diploider Zellen verfälscht die Ergebnisse bei der genetischen Charakterisierung und Analyse der Sporen. Einen wesentlichen Fortschritt bei der Sporen-Massenisolierung stellt die Einführung von Resistenzmarkern dar, die eine selektive Trennung von haploiden und diploiden Zellen ermöglicht.

Freisetzung der Ascosporen

In der Regel werden die Sporen aus den Asci durch lytische Prozesse spontan freigesetzt. Da das Platzen der Asci nicht immer quantitativ bzw. erst nach einigen Tagen erfolgt, wurden verschiedene Methoden zur Freisetzung der Sporen entwickelt. Bei *Saccharomycopsis lipolytica* fördert das Aufbewahren sporulierender Kulturen im Kühlschrank diesen Prozeß.

Mechanische Freisetzung der Ascosporen

Material:

Glaspulver, Homogenisator nach POTTER, Zentrifugenbecher. Das Glaspulver sowie die Glasgeräte sind zu autoklavieren.

Stämme:

Sporulierende Hefekulturen

Arbeitsablauf:

Eine sporulierende Hefesuspension wird mit aqua dest. gewaschen, erneut zentrifugiert und abdekantiert. Darauf versetzt man das Sediment mit dem Glaspulver, bis ein Gemisch mit einer dickflüssigen Konsistenz entsteht, und überführt dieses in den Homogenisator nach POTTER, dessen Kolben mit einem Rührmotor verbunden ist. Bei 700 U/Min. im Verlaufe von 10 Minuten erfolgt die weitgehende Zerstörung der Asci und der vegetativen Zellen. Glaspulver und vegetative Zellen werden anschließend durch Zentrifugieren bei 3500 U/Min. im Verlaufe von 10 Minuten von den Sporen abgetrennt.

Enzymatische Freisetzung der Ascosporen

Material:

Schneckenenzym oder Glusulase, Ultraschallgerät, sterile Bechergläser (25 ml), Schnekkaselösung: etwa 25 mg Enzym/ml 0,05 M Phosphatpuffer, Glusulaselösung: etwa 0,05 ml Enzym/ml 0,05 M Phosphatpuffer,

Stämme:

Sporulierende Hefekultur

Arbeitsablauf:

Eine sporulierende Hefesuspension wird gewaschen, abzentrifugiert und das Sediment mit 5 ml Enzymlösung verrührt. Nach einer Einwirkungszeit von 30 Minuten wird das Gemisch 2× mit physiologischer NaCl-Lösung gewaschen und in 3 ml dieser Lösung aufgenommen. Bei *S. lipolytica* ist eine zusätzliche, sich unmittelbar anschließende Behandlung mit Ultraschall (4 × 10 Sek.) zu empfehlen. Hierzu stellt man das Becherglas mit der Suspension in ein Eisbad. Es ist zu beachten, daß konzentrierte Enzymlösungen das Auskeimen der Sporen beeinträchtigen.

Paraffinöl-Methode

Diese Methode beruht darauf, daß sich die Hefesporen durch ihre lipophilen Eigenschaften spezifisch von denen der vegetativen Zellen unterscheiden. Wird eine Sporensuspension, die noch vegetative Zellen enthält, mit Paraffinöl geschüttelt, so erfolgt darin eine Anreicherung der Sporen, während die vegetativen Zellen in der wäßrigen Phase verbleiben. Durch Ausschütteln und Zentrifugieren der Phasen lassen sich die Ascosporen weitestgehend von den Zellen trennen. Diese einfache Methode, an *Sacch. cerevisiae* erprobt, ist nicht auf alle Hefen mit gleichem Erfolg anwendbar. Das vor allem deshalb, weil vereinzelte vegetative Diploide an Sporen im Öl haften und mit diesen auf Sporenisolations-Platten gelangen. Diesem Nachteil kann durch selektives Abtöten der vegetativen Zellen begegnet werden (s. u.).

Sporenanreicherung in Paraffinöl

Material:

Scheidetrichter 50 ml, Zentrifugengläser, Paraffinöl; Glasgeräte und Paraffinöl sind zu autoklavieren

Stämme:

Sporulierende Hefekultur

Arbeitsablauf:

5 ml einer dichten Sporensuspension, die noch vegetative Zellen enthält, werden mit 5 ml Paraffinöl in einem Scheidetrichter gemischt und mehrere Minuten kräftig geschüttelt. Nach Abstellen des Scheidetrichters erfolgt eine Trennung in zwei Phasen. Die wäßrige Phase ist abzulassen, dem zurückbehaltenen Paraffinöl nochmals 2 ml Wasser zuzusetzen und es ist erneut zu schütteln. Nach Abtrennen des Wassers im Scheidetrichter wird das Paraffinöl durch kurzzeitiges Zentrifugieren von noch verbliebenen Wassertropfen abgetrennt und enthält nunmehr fast ausschließlich Ascosporen. Da bei manchen Stämmen die Sporen fest aneinander haften, ist vor der Behandlung mit Paraffinöl eine enzymatische oder mechanische Behandlung der Asci bzw. Kombination dieser Methoden vorzunehmen. Auf diese Weise erhält man nach dem Ausplattieren des Paraffinöls vorwiegend Einsporkulturen.

Anmerkung: Das Paraffinöl beeinträchtigt nicht das Auskeimen der Sporen, es erschwert jedoch das Ausplattieren auf Agar.

Selektives Abtöten vegetativer Zellen

Diese Form der Sporen-Massenisolierung beinhaltet keine Trennung einer sporulierenden Kultur in Sporen und vegetative Zellen, sondern beruht auf deren unterschiedlichen Resistenz gegenüber erhöhter Temperatur bzw. verschiedenen organischen Lösungsmitteln. Alle diese Verfahren werden in erster Linie bei *Sacch. cerevisiae* angewendet.

Selektive Hitzebehandlung

Material und Medien:

Wasserbad, Petrischalen, YEP-G-Medium, Pipetten

Stämme:

vegetative Kultur (1 Tag alt)
sporulierende Kultur

Arbeitsablauf:

1. Tag: Bestimmung der Hitzeresistenz der vegetativen Hefezellen. Dazu werden 5 ml der Suspension in ein Wasserbad bei 60 °C gestellt. In Intervallen von 5 Minuten erfolgt die Probeentnahme im Verlauf von 20 Minuten. Je eine Öse der Suspension wird auf fünf YEP:G-Platten ausgestrichen, die bei 28 °C inkubiert werden.

2. Tag: Beurteilung der Platten und Bestimmung der für die totale Abtötung erforderlichen Zeit. Von der sporulierenden Kultur werden 5 ml in einem Zentrifugenglas im Wasserbad erhitzt und 1, 2, 3, 4, 5 sowie 10 Minuten länger als für die Abtötung der vegetativen Zellen erforderlich, darin belassen. Verdünnen um 10^{-1} und 10^{-2}. Ausplattieren von jeweils 0,1 ml auf YEP-G. Inkubieren bei 28 °C.

3.—4. Tag: Isolierung der kleinen haploiden Kolonien. Eventuell vorhandene große Kolonien werden eliminiert, da sie von noch verbliebenen diploiden Zellen stammen können.

Selektive Abtötung mit Äther

Die Ätherbehandlung führt zu einer Reduzierung der Überlebensrate der vegetativen Zellen um 10^{-6}, der Sporen aber nur um 10^{-2} bis 10^{-4}, was zur Isolierung einer genügenden Zahl von Einsporkulturen ausreicht.

Material:

Schneckenenzym oder Glusulase, Äther, Scheidetrichter

Stämme:

Sporulierende Hefekultur

Arbeitsablauf:

In einem kleinen Scheidetricher, in dem sich 2 ml einer mit Schneckenenzym und Ultraschall behandelten sporulierenden Kultur befindet, werden 2 ml destilliertes Wasser sowie 2 ml Äther zugesetzt. Dabei bilden sich 2 Phasen. Nunmehr wird der Scheidetrichter verschlossen und 5—10 Minuten geschüttelt. Im Anschluß daran wird die untere wäßrige Phase abgelassen und davon in Verdünnungen von 10^{-1} und 10^{-2} jeweils 0,1 ml auf YEP-G ausplattiert.

Zweckmäßigerweise ist die Abnahme der Überlebensrate der vegetativen Zellen in Abhängigkeit von der Behandlungszeit sowie dem Wasser-Ätherverhältnis zu prüfen, um die optimalen Bedingungen zu ermitteln. Die Sporen von *S. lipolytica* unterscheiden sich in der Resistenz nicht wesentlich von der vegetativer Zellen, so daß diese Methode nur für *Sacch. cerevisiae* empfohlen wird.

Selektive Abtötung mit Äthanol

Diese Methode unterscheidet sich von dem eben beschriebenen Verfahren lediglich durch Verwendung von Äthanol, dessen Konzentration und Einwirkungszeit. Für die benutzten Stämme sind ebenfalls die Überlebensraten zu bestimmen. Eine kleine Menge der Sporensuspension wird mit dem zwanzigfachen Volumen Äthanol (33%ig) versetzt. Die Behandlung erfolgt im Verlauf von 10 Minuten.

Selektive Abtötung mit Aceton

Diese Methode wurde speziell für *Schizosaccharomyces* beschrieben. Sie beruht auf der selektiven Abtötung vegetativer Zellen in Acetondämpfen. Auf einen Samtstempel-Block mit dem Abdruck einer Platte mit sporulierenden Kolonien wird ein Ring aufgesetzt, der über den Samt hinausragt. Durch Auflegen des Deckels einer Petrischale, in den eine mit Aceton getränkte Filterpapierscheibe gelegt wurde, entsteht eine Expositionskammer. Die Expositionsdauer des Abdrucks in den Acetondämpfen beträgt 10 Minuten. Nach Entfernung von Petrischale und Ring wird eine frische Platte mit YEP-G auf den Samt gedrückt, nach 20 Sekunden abgehoben und inkubiert. Die Acetonkonzentration soll 50—70% betragen, ihre Wirkung auf die Keimfähigkeit der Ascosporen ist zu prüfen.

Selektive Sporenisolierung mit Hilfe rezessiver Resistenz-Mutationen

Neuerdings haben sich genetische Sporenanreicherungsverfahren als wesentlich selektiver und effektiver als die oben beschriebenen Methoden erwiesen. Erforderlich für eine Selektion ist die Einführung einer Mutation, die zu einer rezessiven Canavaninresistenz (can^R) führt. Wird eine sporulierende Kultur, in die die can^R-Mutante eingekreuzt wurde, auf einem synthetischen Medium mit dem Argininanalogon Canavanin ausplattiert, so führen bei einer 1:1-Aufspaltung von CAN/can nur can^R-Sporen zu einer Koloniebildung. Die andere Hälfte der Sporen sowie die vegetativen diploiden Zellen sind canavanin-sensitiv und können daher auf diesem Medium nicht wachsen. Diese Methode ist bevorzugt für *Sacch. cerevisiae* geeignet.

Auf einem ähnlichen Prinzip beruht eine neue Methode zur Sporenanreicherung, der eine rezessive Mutation zugrunde liegt, die die Resistenz gegen das Polyenantibiotikum Nystatin bewirkt. Diese Methode ist z. Z. nur für *S. lipolytica* beschrieben. Die Einwirkung von Nystatin auf eine sporulierende Kultur führt zu einer hohen Abtötungsrate vegetativer diploider Zellen und zur Isolierung resistenter haploider Sporen.

Voraussetzungen für die Anwendung beider Methoden sind:

- Erzeugung entsprechender (can^R oder nys^R) Mutanten (s. Kap. 12).
- Hohe Stabilität dieser Mutanten (Prüfung)
- Rezessiver Charakter der Mutation (Prüfung)
- Sensibilität der Diploiden gegenüber Canavanin und Nystatin.

Isolierung von nys^R- oder can^R-Sporen

Material und Medien:

Nystatin-Stammlösung (10 mg/10 ml) Äthanol bzw. Canavaninsulfat-Stammlösung (8 mg/10 ml aqua dest.) YEP-G flüssig und fest, MMT fest, physiol. NaCl-Lösung, Ultraschallgerät, Bechergläser (25 ml), Pipetten, Zentrifugengläser, Petrischalen

Stämme:

5 Tage alte sporulierende diploide Kultur (NYS^S/nys^R oder CAN^S/can^R)

Arbeitsablauf:

- Abschwemmen einer 5 Tage alten Kultur mit aqua dest. Aufnehmen von 1 ml dieser Suspension in 5 ml YEP-G und 2 h schütteln bei 28 °C.
- Zusatz von 0,25 ml der Nystatin-Stammlösung und weitere 1,5 h schütteln (bei Verwendung von Canavanin-resistenten Mutanten unterbleibt der Zusatz von Canavanin).
- Abzentrifugieren, Aufnehmen des Sediments in 5 ml Schneckenenzymlösung (200 mg/7 ml aqua dest).
- Enzymbehandlung im Verlaufe von 30 Minuten
- Abzentrifugieren, 2 × waschen in physiologischer NaCl-Lösung, Sediment in 3 ml NaCl-Lösung aufnehmen
- Behandlung der Suspension 4 × 10 Sekunden mit Ultraschall im Eisbad
- Anfertigung einer Verdünnungsreihe von 10^{-1} bis 10^{-4}
- Ausplattieren von jeweils 0,1 ml auf YEP-G-Agar, der 0,25 ml Nystatin-Stammlösung oder 2 ml Canavaninsulfat-Stammlösung pro 20 ml Medium enthält.
- Nach 3–4 Tagen überstempeln der geeigneten Verdünnungsstufen auf MMT bzw. MMT mit erforderlichen Aminosäuren oder anderen Zusätzen bei Verwendung auxotropher Mutanten.

11.3.2. Sporen-Einzelisolierung

Die Freisetzung und Isolierung einzelner Ascosporen aus den Asci erfolgt mit Hilfe eines Mikromanipulators. Da nicht bei allen Hefestämmen eine gleichzeitige spontane Freisetzung der Sporen vor sich geht, werden die Ascuswände mit lytischen Enzymen behandelt, was das Aufbrechen der Asci mit den Glasnadeln bei der Mikromanipulation bedeutend erleichtert. Es ist jedoch darauf zu achten, daß die Keimfähigkeit der Sporen nicht durch das Enzym beeinträchtigt wird. In Vorversuchen werden dazu die Enzymkonzentration sowie die Einwirkungszeit variiert und die Keimfähigkeit der unterschiedlich behandelten Sporen verglichen.

Aus Asci sporulierender Kulturen von *S. lipolytica* lassen sich die Sporen leichter isolieren, wenn sie vor der Manipulation einige Tage im Kühlschrank gelagert werden.

Material und Medien:

Wasseragar, YEP-G-Agar, Petrischalen ⌀ 60 und 100 mm, große Deckgläser (nicht stärker als 0,17 mm), Pipetten, Pinzetten
Enzymlösung: 200 mg Schneckenenzym/10 ml 0,05 M Phosphatpuffer oder Wasser

Stämme:

Sporulierende Kultur, 6—7 Tage alt (*S. lipolytica*)
4—5 Tage alt (*Sacch. cerevisiae*)

Vorbereitung der Präparate:

S. lipolytica: In einer sporulierenden Kultur dieser Hefe kommen neben dem Pseudomycel häufig zahlreiche vegetative Hefezellen sowie längliche Zellen mit vorwiegend einsporigen Asci vor. Für die Sporenisolierung ist es vorteilhaft, die ascogenen Hyphen anzureichern. Dies geschieht durch Auswaschen der Einzelzellen.

Arbeitsablauf:

Mit Hilfe der Impföse wird ein Mycelstück aus der sporulierenden Kolonie entnommen und in eine kleine Petrischale mit 1 ml NaCl-Lösung übertragen und mit der Öse zerrieben. Die dabei entstehenden Mycelflocken werden in eine weitere Petrischale übertragen und von dort in die Enzymlösung gebracht, in der sie 30 Minuten verbleiben. Inzwischen werden dünne Wasseragarfilme auf großen Deckgläsern gegossen und in einer feuchten Kammer aufbewahrt. Nach der Enzymbehandlung werden der Suspension Mycelflocken mit der Impföse entnommen und als schmales Band quer zum Deckglas auf den Agar ausgestrichen. Das Präparat wird nun auf die Feuchtkammer des Mikromanipulators montiert.

Saccharomyces cerevisiae:

Submerskultur. Entnahme von 1—2 ml der sporulierenden Kultur, abzentrifugieren und einmaliges Auswaschen mit aqua dest. Das Sediment, das Asci und vegetative Zellen enthält, wird mit der Enzymlösung verrührt und 30 Minuten bei 28 °C inkubiert. Von dieser Suspension wird mit der Impföse auf dem Wasseragarfilm quer zum Deckglas ein Impfstich gezogen. Anschließend erfolgt die Montage des Präparates auf die Feuchtkammer des Mikromanipulators.

Isolieren der Ascosporen mit dem Mikromanipulator

Arbeitsablauf (s. Abb. 28):

- Befestigen der Feuchtkammer auf dem Kreuztisch des Mikroskopes.
- Einstellen einer kleinen Vergrößerung (16er Objektiv) zur Orientierung.
- Umstellen auf das Arbeitsobjektiv (Ph 20 oder Ph 40) und Auswahl von geeigneten Asci (Tetraden).

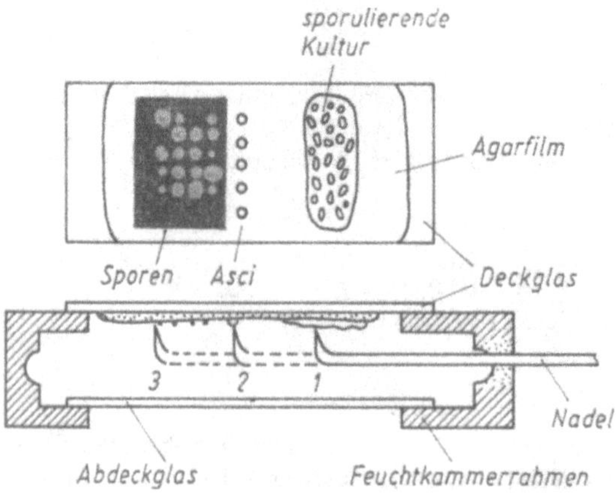

Abb. 28. Querschnitt einer Feuchtkammer bei der Sporenisolation mit dem Mikromanipulator. Die Stellungen der Nadel bei den einzelnen Manipulationsschritten sind mit den Zahlen 1—3 gekennzeichnet. Darüber ist schematisch die auf einem Agarfilm befindliche sporulierende Kultur und die aus ihr isolierten Asci dargestellt. Der Bildausschnitt zeigt die aus isolierten Sporen hervorgegangenen Kolonien. Unter den Isolaten befinden sich drei komplette Tetraden.

- Vorsichtiges Betätigen der Gleitschalen.
- Heranführen der Glasnadel an das Objektiv durch Anheben der Nadel (2—3 mm unterhalb des Agarfilms).
- Suchen der Nadel im Gesichtsfeld des Mikroskopes.
- Heranführen der Nadel an das Objekt unter mikroskopischer Kontrolle.
- Versuch zum Zerstören der Ascushülle mittels kurzer klopfender Bewegungen.

- Freiwerdende, an der Glasnadel anhaftende Sporen werden durch Absenken, Wegziehen und erneutes Anheben der Nadel in einem Abstand von etwa 2 mm voneinander auf dem Agarfilm abgesetzt.
- Nach Zerlegen einer ausreichenden Anzahl Asci Abtrennen des Agarstreifens mit den Sporen mittels einer Rasierklinge vom Impfstrich, um ein Überwachsen der Sporen zu verhindern.
- Übertragen des Agarstreifens auf YEP-G-Agar.
- Bebrüten bei 28 °C.
- Nach 1–2 Tagen abimpfen der sich nach Auskeimen der Sporen bildenden Kolonien.
- Analyse der Sporenisolate.

Literatur

Barth, G., (1980): Untersuchungen zur genetischen Bearbeitbarkeit der alkanverwertenden Hefe *Saccharomycopsis lipolytica* unter Beachtung von Mutanten mit Defekten im Trikarbonsäurezyklus und Glyoxylatweg. Dissertation; ZIMET Jena, AdW, der DDR.

Dawes, I. A., and I. D. Hardie (1974): Selective killing of vegetative cells in sporulated yeast cultures by exposure to diethyl ether. Mol. gen. Genet. **131**, 281–289.

Egel, R., (1977): Selective spore survival during replica plating of fission yeast. Arch. of Microbiol. **112**, 109–110.

Emeis, C. C., und M. Gutz (1958): Eine einfache Technik zur Massenisolation von Hefesporen. Z. Naturf. **10**, 647–650.

Fowell, R. R., (1960): Sporulation and hybridization of yeasts in: The yeasts; Vol. **I**, ed. by A. H. Rose and J. S. Harrison, Academic Press; London and New York.

Miller, J. J., and O. Hoffmann-Ostenhof (1964): Spore formation and germination in *Saccharomyces*. Z. allg. Mikrobiol. **4**, 273–294.

Sherman, F., and H. Roman (1963): Evidence for two types of allelic recombination in yeast. Genetics **48**, 255–261.

Weber, H., (1979): Substructural studies on sporulation of *Saccharomycopsis lipolytica*. Z. allg. Mikrobiol. **19**, 283–297.

12. Genetische Analyse

Die Lokalisation von Mutationen in Chromosomen wird mit genetischen Analysemethoden vorgenommen. Dafür ist es erforderlich, daß Methoden zur sexuellen oder parasexuellen Hybridisierung bei der zu untersuchenden Hefeart zur Verfügung stehen. In diesem Abschnitt werden Methoden beschrieben, die entweder infolge der Komplementation oder auf Grund der reziproken rekombinativen Verteilung des genetischen Materials eine Charakterisierung von Mutanten ermöglichen. Es wird nicht auf Verfahren eingegangen, die auf einer nichtreziproken bzw. illegitimen Rekombination basieren, weil damit sehr spezielle Erscheinungen untersucht werden. Außerdem wird auch nicht auf Analyseverfahren zur Charakterisierung cytoplasmatisch lokalisierter Mutationen eingegangen.

Die Ermittlung der Komplementationsmöglichkeiten von Mutationen in Hybriden (z. B. zur Prototrophie bei auxotrophieauslösenden Mutationen) ist eine einfache und schnelle Möglichkeit zur Charakterisierung von Mutanten. Die Komplementationsanalyse kann sowohl bei Mutationen in verschiedenen Genen als auch bei Mutationen in einem Gen vorgenommen werden. Mit den Ergebnissen der intragenen Komplementationsanalyse können Komplementationskarten einzelner Gene erarbeitet werden. Die Analyse der reziproken Rekombination des genetischen Materials während der Meiose oder Mitose dient vor allem dazu, Mutationsorte in der DNS zu bestimmen. Mit Hilfe der Lokalisation von Mutationen und einer biochemischen Analytik kann eine Unterscheidung von Mutanten erfolgen, können Funktionen von Genen und Wechselbeziehungen zwischen Protein und RNS mit der DNS geklärt werden. Mit der Rekombinationsanalyse ist es möglich, die Abstände zwischen verschiedenen Mutationen auf einem Chromosom oder in einem Gen zu ermitteln. Auf der Grundlage dieser Werte können genetische Chromosomen- oder Genkarten erarbeitet werden, die wichtige Voraussetzungen für weitere genetische und biochemische Untersuchungen darstellen.

Die reziproke Rekombination erfolgt in diploiden oder polyploiden Zellen während der Meiose oder seltener während der mitotischen Zellteilung. Während der Meiose treten zwei Rekombinationsereignisse nebeneinander auf. Die interchromosomale Rekombination findet bei der Trennung der homologen Chromosomen in der Meiose I statt und wird als Präreduktion bezeichnet. Die intrachromosomale Rekombination erfolgt durch Crossing over ebenfalls in der Meiose I, ist aber erst nach der Trennung der Chromatiden in der Meiose II erkennbar (Postreduktion). Inter- und intrachromosomale Rekombinationen sind sehr selten während der mitotischen Zellteilung zu beobachten. Interchromosomale Rekombinationsprodukte entstehen bei der Haploidisierung infolge von irregulären Chromosomenverteilungen (non-disjunction). Die Produkte mitotischer Crossing over-Ereignisse können nach Haploidisierung oder anhand entstehender rekombinanter diploider Zellen nachgewiesen werden.

12.1. Komplementationsanalyse

Komplementationsanalysen sind mit Hefearten des haplo-diplobiontischen Typs einfach und effektiv durchführbar. Mit der Komplementationsanalyse kann schnell festgestellt werden, ob mehrere Mutanten des gleichen Phänotyps in gleichen oder unterschiedlichen Genen verändert sind. Tritt keine Komplementation nach der Hybridisierung zweier haploider rezessiver Mutanten ein, dann sind die Mutationen in einem Gen lokalisiert. Jedoch kann nicht behauptet werden, daß die Mutationen unbedingt in unterschiedlichen Genen lokalisiert sind, wenn eine Komplementation beobachtet wird. Zwischen unterschiedlichen Allelen eines Gens kann auch eine Komplementation erfolgen. Diese intragene (interallele) Komplementation ist bei Hefen häufig zu beobachten.

12.1.1. Intergene Komplementation

Die Herstellung diploider Hybridzellen aus den zu untersuchenden haploiden Mutanten erfolgt wie im Abschnitt B. 10.1.1.2. beschrieben. Die Beurteilung der Komplementation erfolgt anhand des Phänotyps der diploiden Hybridzellen. So können sich unterschiedliche auxotrophe Mutanten in ihrer Bedürftigkeit ergänzen, wodurch die diploiden Hybridzellen prototroph werden. Bei Komplementationsuntersuchungen mit Resistenzmutanten ist zu beachten, daß bei einer Komplementation sensitive diploide Zellen entstehen. Besonders bedeutsam sind Komplementationsuntersuchungen zur Bestimmung der Dominanz oder Rezessivität von Genen. Dies ist besonders wichtig zur Charakterisierung von Regulationsgenen. Dabei wird ebenfalls anhand des Phänotyps der Hybriden festgestellt, ob ein Mutantenallel dominant oder rezessiv gegenüber dem Wildtypallel ist und ob das Mutantenallel eines Regulationsgenes dominante Wirkungen auf die Transkriptionsaktivität anderer Gene ausübt.

12.1.2. Intragene (interallele) Komplementation

Die intragene Komplementation zwischen verschiedenen Mutationen wird ebenfalls mit der im Abschnitt B. 10.1.1.2. angegebenen Methodik untersucht, indem die entstehenden diploiden Hybridzellen phänotypisch analysiert werden. Bei intragener Komplementation weisen die Hybridzellen oft ein langsameres Wachstum als der Wildstamm auf. Dadurch ist auch eine Abgrenzung zur intergenen Komplementation bei einigen Mutanten möglich. Außerdem weisen Hybride bei intragener Komplementation eine geringere Aktivität des jeweiligen Enzyms als Hybride mit intergener Komplementation auf. Am effektivsten sind intragene Komplementationsuntersuchungen jedoch durchführbar, wenn vorher geklärt wurde, daß in den Mutanten gleiche Gene mutiert oder zumindest gleiche Proteine verändert sind. Die Mutanten, die eine intragene Komplementation aufweisen, werden in Komplementationsgruppen, die mit Großbuchstaben gekennzeichnet werden, eingeteilt. Dabei umfaßt jede Komplementationsgruppe die Mutanten, die gleiche intragene Komplementierbarkeit aufweisen.

12.1.3. Komplementationskarten

Mit den Ergebnissen intragener Komplementationsuntersuchungen ist es möglich, eine Kartierung von Mutationsorten innerhalb eines Genes vorzunehmen. Bei dieser Kartierungsmethode werden möglichst viele verschiedene Mutanten eines Gens untereinander auf ihre Komplementierbarkeit geprüft. Bei der Erarbeitung einer Komplementationskarte wird so vorgegangen, daß die Mutanten einer Komplementationsgruppe als Linie gezeichnet werden. Diese als Linien dargestellten Komplementationsgruppen werden so einander zugeordnet, daß sie sich überlappen, wenn keine Komplementation zwischen den Mutanten der jeweiligen Gruppen erfolgt. Tritt eine Komplementation zwischen Mutanten verschiedener Gruppen ein, dann dürfen sich deren Linien in der graphischen Darstellung nicht überlappen. So erhält man meist lineare Komplementationskarten für einzelne Gene, die aber nicht immer in ihrer Anordnung der Mutationen den Rekombinationskarten des entsprechenden Gens entsprechen. Dies ist verständlich, weil die Komplementation auf Proteinebene und nicht wie die Rekombination auf der DNS-Ebene erfolgt. Dadurch sind andere Möglichkeiten zur Wiederherstellung von z. B. Enzymaktivitäten gegeben als bei der Rekombination. Deshalb sind Komplementationskarten eher zur Aufklärung der Struktur und Funktion von Proteinen als für Genstrukturanalysen geeignet.

12.2. Meiotische Rekombinationsanalyse

Die meiotische Rekombinationsanalyse ist die am häufigsten angewandte Methode zur Bestimmung von Mutationsorten in der DNS bzw. von Genabständen im Chromosom. Im Gegensatz zu höheren Eukaryoten können bei Hefen direkt die haploiden Meioseprodukte analysiert werden, weil die Sporen bei vielen Hefearten zu vegetativen haploiden Zellen auskeimen. Bei der Massensporenanalyse werden größere Mengen zufallsgemäß isolierter Sporen analysiert. Diese Methode wird vor allem eingesetzt, wenn die Tetradenanalyse nicht möglich oder sehr aufwendig ist. Die ascomycetalen Hefen bieten die Möglichkeit, die Sporen als Produkte einzelner Meiosen direkt zu erfassen. Diese Analyse einzelner Asci eröffnet weitergehende Aussagen als die Massensporenanalyse. Dieser Methode wird deshalb der Vorzug für Rekombinationsanalysen gegeben.

12.2.1. Massensporenanalyse

Diese Analysenmethode ist mit wenig Aufwand durchführbar, wenn die Sporen leicht von den vegetativen Zellen abtrennbar sind. Die Ergebnisse sind um so genauer, je größer die Anzahl isolierter Sporen ist. Diese Methode erlaubt aber keine Aussagen über die Kopplung von Genen mit dem Centromer oder über die Häufigkeit von Doppelcrossing over. Die Verfahren zur Isolierung der Sporen sind im Abschnitt B. 11.3.1. beschrieben. Die Analyse einer Kreuzung von Mutanten erfolgt anhand des Verhältnisses von Elterntypen (E) zu Rekombinationstypen (R) unter den Sporen. Unterscheiden sich die Kreuzungspartner in Allelpaaren, die auf verschiedenen Chromosomen lokalisiert sind oder weiter als 50 Karteneinheiten voneinander entfernt sind, dann ist unter den Sporen das Verhältnis $E:R = 1:1$. Sind die untersuchten Allelpaare miteinander gekoppelt, dann ist der Anteil der R-Sporen kleiner als 0,5. Wird eine Abweichung des Verhältnisses $E:R$ von $1:1$ vermutet, so muß dies durch den χ^2-Test statistisch gesichert werden. Die Rekombinationshäufigkeit läßt sich mit der Formel $\frac{100 \times E}{R + E}$ berechnen. Sie wird in Prozent angegeben.

Beispiel:

Analyse einer dihybriden Kreuzung zweier Mutanten von *S. lipolytica*

Kreuzung: E_1 (ade, LYS^+) × E_2 (ADE^+, lys)

Nachkommen: E_1 (ade, LYS^+) = 586
E_2 (ADE^+, lys) = 564
R_1 (ade, lys) = 576
R_2 (ADE^+, LYS^+) = 598

Segregation: $E_1:E_2:R_1:R_2 = 1:1:1:1$

χ^2-Test: $\chi^2 = 1{,}89 \quad P \sim 0{,}60$

$$\text{Rekombinationshäufigkeit } \frac{100 \times E_1}{R_1 + E_1} = 50\%.$$

Es liegt keine Kopplung beider Gene (ADE^+/ade und LYS^+/lys) vor.

12.2.2. Tetradenanalyse

Die Tetradenanalyse ist die genaueste Methode für die Bestimmung der Abstände von Genen auf einem Chromosom. Mit dieser Technik ist es auch möglich, die Kopplung einzelner Gene mit dem Centromer, auftretende Chromatideninterferenz, sowie letale Chromosomenaberrationen oder Mutationen nachzuweisen. Die Trennung der Sporen mit dem Mikromanipulator ist in Abschnitt B. 10.3.2. beschrieben. Nach dem Auskeimen der Sporen werden die Kolonien auf YEP-G-Platten abgeimpft und auf die Verteilung der Marker

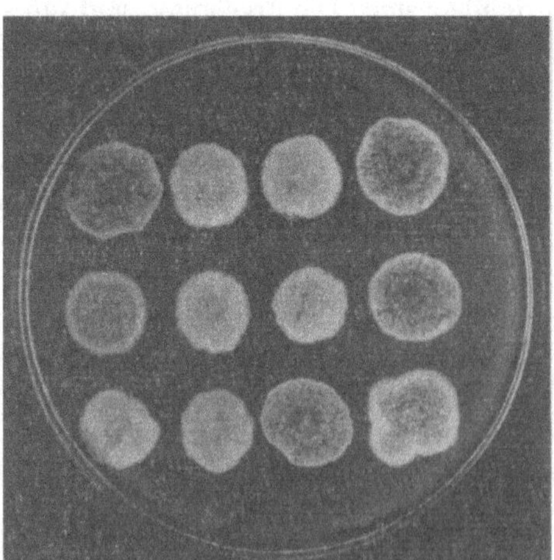

Abb. 29. *S. lipolytica*. Meiotische Segreganten eines diploiden Stammes, der unterschiedliche Koloniemorphologieallele besitzt. Die Analyse zeigt eine 2:2 Segregation der grauen und weißen Koloniemorphologietypen.

untersucht. Auf Abb. 29 ist anhand der Koloniemorphologie die 2:2 Segregation zweier Koloniemorphologiemarker bei *S. lipolytica* als Beispiel dargestellt. Die Charakterisierung der Tetraden führt zu Tetradentypen, die sich im Anteil der Sporen mit Eltern- bzw. Rekombinationstyp unterscheiden. Aus der Häufigkeit der Tetradentypen können die Abstände der Gene berechnet werden.

12.2.2.1. Geordnete Tetraden

Geordnete Tetraden ermöglichen schnelle Aussagen über die Prä- oder Postreduktion einzelner Gene und somit eine direkte Bestimmung des Abstandes der Gene vom Centromer. Diese Methode ist aber bei Hefen kaum anwendbar, weil geordnete Tetraden in linearen Asci nur sehr selten vorkommen.

12.2.2.2. Ungeordnete Tetraden

Eine Hybride, die aus einer Kreuzung haploider Stämme mit den Allelen A^+B^+x ab hervorgeht, bildet drei Klassen von Tetraden, die als Parentaldityp (PD), Nichtparentaldityp (NPD) und Tetratyp (T) bezeichnet werden. Die Häufigkeit dieser Tetradentypen erlaubt sofortige Aussagen über die Lokalisation der zwei untersuchten Gene:

Tetradentyp:	PD		NPD		T
Sporengenotypen:	A^+B^+		A^+b		A^+B^+
	A^+B^+		A^+b		aB^+
	ab		aB^+		ab
	ab		aB^+		A^+b
Gene ungekoppelt:	1	:	1	:	4
Gene gekoppelt:	> 1	:	< 1		
Gene mit dem Centromer gekoppelt:	1	:	1	:	< 4

Eine Kopplung zweier Gene ist somit erkennbar, wenn der Anteil der PD-Asci höher ist als der Anteil der NPD-Asci. Eine 1:1:4 Verteilung tritt auf, wenn beide Gene auf unterschiedlichen Chromosomen lokalisiert sind und Nindestens ein Gen 50 Karteneinheiten vom Centromer entfernt ist. Da die mPD-Tetraden vier rekombinante Sporen und die T-Tetraden nur zwei rekombinante Sporen enthalten, wird die Rekombinationshäufigkeit in Prozent nach folgender Formel berechnet:

$$100 \frac{T + 2(NPD)}{2(PD + NPD + T)}$$

Wenn der Anteil der NPD-Asci sehr gering ist, wird die Rekombinationshäufigkeit mit der Formel berechnet:

$$100 \frac{T + 6(NPD)}{2(PD + NPD + T)}$$

Die Häufigkeit der zwischen zwei gekoppelten Genen auftretenden Doppelcrossing over kann berechnet werden, indem die Anzahl der NPD-Asci mit 4 multipliziert wird. Die Frequenz der Einzelcrossing over zwischen zwei Genen ergibt sich aus T-2 (NPD). Dabei wird die Chromatideninterferenz nicht berücksichtigt. Um den Abstand eines Gens vom Centromer mit Hilfe ungeordneter Asci zu bestimmen, gibt es für *Sacch. cerevisiae* mehrere Möglichkeiten, weil für diese Hefe eng mit dem Centromer gekoppelte Gene bekannt sind und tetraploide Hybridstämme zur Verfügung stehen. Die einfachste Methode bei *Sacch. cerevisiae* besteht im Nachweis der Kopplung des zu kartierenden Gens mit einem centromergekoppelten Gen. Die Analyse der diploiden Sporen tetraploider Hybriden ist nur dann einsetzbar, wenn stabile tetraploide Stämme vorliegen. Allgemein wird bei der Kartierung von Centromeren so vorgegangen, daß zuerst der Anteil der T-Tetraden untersucht wird. Liegt eine Verteilung von PD:NPD:T = 1:1: < 4 vor, dann kann angenommen werden, daß die beiden Gene weniger als 50 Karteneinheiten vom Centromer entfernt sind. Wenn auf Grund dieser Untersuchungen mindestens drei, auf verschiedenen Chromosomen lokalisierte, centromergekoppelte Gene bekannt sind, kann der Abstand dieser drei Gene zum Centromer berechnet werden. Die Rekombinationshäufigkeit zwischen Centromer und Gen kann durch die Bestimmung der Postreduktionshäufigkeit der Gene ermittelt werden. Diese ist analog der Frequenz der T-Tetraden für zwei untereinander ungekoppelte Gene. Wird für die Gene a, b, c die Häufigkeit der T-Tetraden Tab, Tac und Tbc bestimmt, so lassen sich die Postreduktionsfrequenzen x, y, z für diese Gene nach den Formeln berechnen:

$$x = \frac{2}{3}\left[1 \pm \sqrt{\frac{4 - 6\,\mathrm{Tab} - 6\,\mathrm{Tac} + 9\,\mathrm{Tab\,Tac}}{4 - 6\,\mathrm{Tbc}}}\right]$$

$$y = \frac{2}{3}\left[1 \pm \sqrt{\frac{4 - 6\,\mathrm{Tab} - 6\,\mathrm{Tbc} + 9\,\mathrm{Tab\,Tbc}}{4 - 6\,\mathrm{Tac}}}\right]$$

$$z = \frac{2}{3}\left[1 \pm \sqrt{\frac{4 - 6\,\mathrm{Tbc} + 6\,\mathrm{Tac} + 9\,\mathrm{Tbc\,Tac}}{4 - 6\,\mathrm{Tab}}}\right]$$

Diese Gleichungen haben jeweils 2 Lösungen. Wenn beide real sind, ist eine kleiner, die andere größer als $\frac{2}{3}$. Die wahrscheinlichere Lösung ist diejenige, die kleiner als $\frac{2}{3}$ ist. In Prozent ausgedrückt stellt sie die Rekombinationshäufigkeit zwischen Centromer und Gen (Postreduktionshäufigkeit) dar. Für Gene, die 40–70 Centimorgans vom Centromer entfernt sind, kann diese Häufigkeit bei *Sacch. cerevisiae* 0 bis 75–80% betragen. Für weiter entfernte Gene beträgt die Häufigkeit etwa 67%.

12.2.3. Chromosomenkarten

Für die Erarbeitung genetischer Chromosomenkarten wird als Maß für den Abstand zweier Gene 1% Rekombinationshäufigkeit gleich einer Karteneinheit, ausgedrückt in Centimorgan, gesetzt. Für eine genaue Berechnung des Abstandes zwischen zwei Genen, sind Kartierungsfunktionen erarbeitet worden. Diese berücksichtigen auch den Einfluß der Chromatideninterferenz. Da der Einsatz von Kartierungsfunktionen nur für spezielle Fragestellungen erforderlich ist, wird hier nicht darauf eingegangen. Im allgemeinen kann so verfahren werden, daß eine Chromosomenkarte um so genauer ist, je kürzer der Abstand zwischen einzelnen Genen ist. Die umfangreichste Chromosmenkarte von Hefen liegt bisher von *Sacch. cerevisiae* vor. In Abb. 30 ist die Chromosomenkarte von *Sacch. cerevisiae* dargestellt, wobei die Werte aus meiotischen und mitotischen Rekombinationsanalysen einbezogen wurden. Außerdem wurden auch einige Angaben aus den Untersuchungen trisomer Hybriden gewonnen. Da bei den meisten genetisch untersuchten Hefearten keine eindeutig als trisomische Hybriden identifizierten Stämme vorliegen, wurde auf die Darstellung dieser Methode verzichtet. Neben *Sacch. cerevisiae* liegen lediglich für die Hefearten *Schizosaccharomyces pombe*, *Saccharomycopsis lipolytica* und *Kluyveromyces lactis* mehr oder weniger umfangreiche Chromosomenkarten oder einzelne Kopplungsgruppen vor.

12.2.4. Genkarten

Mit Hilfe spezieller genetischer Verfahren ist es möglich, die Entfernung von Mutationsorten innerhalb eines Gens zu ermitteln (genetische Feinkartierung). Mit einer Kombination von genetischen und biochemischen Methoden ist es neuerdings auch möglich, die Nukleotidsequenz der DNS einzelner Gene zu bestimmen. Da diese Methoden im allgemeinen nur in der Grundlagenforschung benötigt werden, wird hier auf eine Darstellung verzichtet.

12.3. Mitotische Rekombinationsanalyse

Neben der meiotischen Rekombinationsanalyse wird die mitotische Rekombinationsanalyse ebenfalls zur Ermittlung der Abstände zwischen einzelnen Genen eingesetzt. Diese Methode findet besonders dann Anwendung, wenn gering- oder nichtsporulierende Hybriden (z. B. Wildstämme, somatische Hybriden) untersucht werden sollen. Die Grundlage dieser Methode sind mitotische Crossing over-Ereignisse, die im Gegensatz zur Meiose während der Mitose nur mit einer spontanen Häufigkeit von 10^{-4}—10^{-5} pro Zellteilung auftreten. Das Ergebnis des mitotischen Crossing over sind rekombinante Diploide. Unabhängig vom mitotischen Crossing over tritt bei Pilzen eine Haploidisierung auf, die mit einer spontanen Häufigkeit bis 10^{-3} pro Zellteilung zur Entstehung aneuploider bzw. haploider Zellen führt. Dabei kommt es zu einer interchromosomalen Rekombination, wenn nicht selektiv nur die Chromosomen eines Kreuzungspartners infolge des Non-disjunction entfernt werden.

12.3.1. Haploidisierung

Die Haploidisierung ist die am häufigsten benutzte Methode zur Charakterisierung von somatisch erzeugten Hybriden, die nicht sporulieren. Dieses Verfahren kann auch zum Nachweis der Kopplung von Genen und zur Bestimmung der vermutlichen Chromosomenzahl bei Hefen benutzt werden, wenn hybride diploide Zellen der entsprechenden Hefeart herstellbar sind. Die Haploidisierung eignet sich aber nicht zur Bestimmung von Abständen zwischen gekoppelten Genen. Für die Erhöhung der Haploidisierungshäufigkeit können chemische Substanzen benutzt werden. Dafür sind insbesondere p-Fluorphenylalanin, das aber auf Hefen mit einer stabilen Diplophase kaum wirksam ist, Benomyl und Methylbenzimidazol-2-ylcarbamat (MBC) bisher erfolgreich erprobt worden. Röntgenstrahlen können ebenfalls die Haploidisierung erhöhen. Nach einer Haploidisierung sind Allele, die gemeinsam auf einem Chromosom lokalisiert sind, meist auch gemeinsam in den aneuploiden oder haploiden Clonen nachweisbar. Somit sind daraus Aussagen über die Kopplung von Genen einfach abzuleiten.

→

Abb. 30. Chromosomenkarte von *Sacch. cerevisiae* mit 17 Chromosomen. Die Fragmente F 6, F 7, F 8 und F 11 konnten bisher noch keinem Centromer (als Kreise dargestellt) zugeordnet werden. (R. K. Mortimer und D. Schild, Microbiological Reviews, 1980.)

GENETIC MAP OF SACCHAROMYCES CERVEVISAE

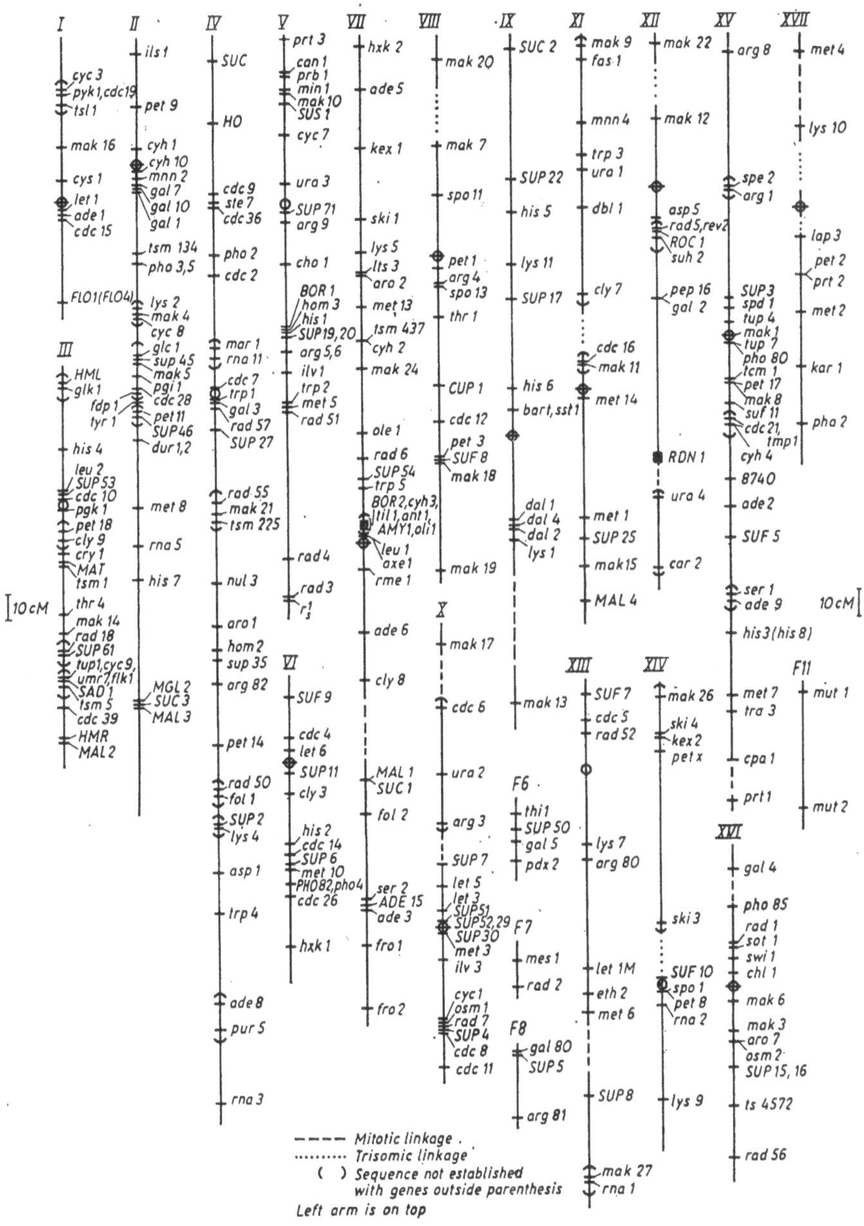

12.3.2. *Rekombinante Diploide*

In diploiden Hefezellen, die heterozygot für ein oder mehrere Gene sind (z. B. lys^+/lys), können nach mitotischen Crossing over homozygote diploide Segreganten (z. B. lys^+/lys^+ und lys/lys) beobachtet werden. Diese Segreganten sind entweder als Einzelkolonien oder als sektorierte Kolonien auf der Platte nachweisbar. Da Doppelcrossing over auf Grund der geringen Häufigkeit der mitotischen Rekombination kaum auftreten, segregieren alle distal vom Crossing over-Ort im Chromosom gelegene Gene gemeinsam. Die Häufigkeit der mitotischen intrachromosomalen Rekombination läßt sich durch Einwirkung von Röntgenstrahlen, UV-Licht oder alkylierenden Substanzen bis auf 10^{-2} Crossing over/Zellteilung steigern. Im allgemeinen besteht eine lineare Beziehung zwischen der Häufigkeit des Auftretens rekombinanter diploider Segreganten und dem Abstand der Gene vom Centromer. Dabei müssen aber die Bedingungen zur Induktion des mitotischen Crossing over konstant gehalten werden. Die Mutagendosis sollte so gewählt werden, daß wenigstens 80% aller Zellen überleben.

Bei der Auswertung der Ergebnisse muß darauf geachtet werden, daß neben dem reziproken Austausch von Genen beim mitotischen Crossing over auch mit geringerer Häufigkeit ein nichtreziproker Austausch durch mitotische Genkonversion auftreten kann. Der Anteil von Rekombinanten, die durch Genkonversion entstanden sind, wird bei der Bestimmung der mitotischen Rekombinationshäufigkeit nicht mit einbezogen. Segregieren mehrere Gene gemeinsam, so ist die Ursache ein mitotisches Crossing over. Liegt in rekombinanten Diploiden nur ein untersuchtes Gen homozygot vor, so muß in sektorierten Kolonien der andere Teil untersucht werden, ob in diesen Zellen das jeweilige Gen homozygot (nach mitotischen Crossing over) oder heterozygot (nach Genkonversion) vorliegt. Für grobe Bestimmungen der Kopplung von Genen kann die Genkonversion unberücksichtigt bleiben, weil deren Häufigkeit wesentlich niedriger ist als für das mitotische Crossing over.

Die Rekombinationshäufigkeit zwischen Genen und Centromer und Genen einer Kopplungsgruppe wird nach folgender Formel bestimmt:

$$100 \times \frac{\text{Anzahl rekombinanter Diploider gleichen Phänotyps}}{\text{Anzahl aller rekombinanter Diploider}}$$

Die Rekombinationshäufigkeit wird in Prozent angegeben.

12.3.3. Chromosomenkarten

Die mitotische Rekombinationsanalyse kann ebenfalls zur Erarbeitung von Chromosomenkarten benutzt werden. Wenn es möglich ist, wird dafür sowohl die Haploidisierung, als auch die intrachromosomale Rekombination verwendet. Zunächst wird mittels der Haploidisierung die Kopplung von Genen nachgewiesen. Danach wird über die Bestimmung der Häufigkeit rekombinanter Diploider die Reihenfolge der Gene und der Abstand der Gene zum Centromer sowie der Gene untereinander bestimmt. 1% Rekombinationshäufigkeit entspricht einer Karteneinheit, die nicht identisch ist mit einer Karteneinheit einer meiotischen Chromosomenkarte. Beide Chromosomenkarten stimmen jedoch in der Reihenfolge der Gene und den relativen Abständen zwischen den Genen weitestgehend überein.

Literatur

BURNETT, J. H., (1975): Mycogenetics. John Wiley Sons. London—New York—Sydney—Toronto.

FINCHAM, J. R. S., (1966): Genetic complementation. W. A. Benjamin, Inc. New York—Amsterdam.

GÜNTHER, E., (1978): Grundriß der Genetik. VEB Gustav Fischer Verlag, Jena.

LAWRENCE, C. W., and R. CHRISTENSEN (1974): Fine structure mapping in yeast with sunlamp radiation. Genetics **76**, 723—733.

MANNEY, T. R., and R. K. MORTIMER (1964): Allelic mapping in yeast by x-ray induced mitotic reversion. Science **143**, 581—583.

MORTIMER, R. K., and D. C. HAWTHORNE (1975): Genetic mapping in yeast. In: Methods in cell biology. (ed. by D. M. PRESCOTT) Vol. **XI**, 221—223.

MORTIMER, R. K., and D. SCHILD (1980): The genetic map of *Saccharomyces cerevisiae*. Microbiological Reviews **44**, 519—571.

NAKAI, S., and R. K. MORTIMER (1969): Studies of the genetic mechanism of radiation-induced mitotic segregation in yeast. Molecular and General Genetics, **103**, 329—383.

SIDDIQI, B. A., (1971): Random-spore analysis in *Saccharomyces cerevisiae*. Hereditas **69**, 67—76.

Anlage: Nährmedien

Bei verschiedenen speziellen Komponenten der Medien werden keine Herstellerfirmen angegeben. Eingetragene Warenzeichen werden nicht als solche kenntlich gemacht. Wenn verfügbar, sollte für synthetische Medien Difco-Produkten (Hefeextrakt, Agar, Bacto-Pepton u. a.) wegen ihres hohen Reinheitsgrades bzw. gleichbleibender Qualität der Vorzug gegeben werden. Für weniger hohe Ansprüche genügen vielfach handelsübliche Produkte. Die Verfestigung aller Medien erfolgt in der Regel mit 2% Agar, lediglich beim Gorodkowa-Medium mit 1–1,5%.

Wachtums- und Minimalmedien

Malzextrakt-Medium

3,5% Malzextrakt
0,5% Pepton
pH-Wert 5–6

Hefeextrakt-Pepton-Glucose-Medium (YEP-G)

1% Hefeextrakt
2% Pepton
2% Glucose
pH 5,5–6,0

Bei Bedarf kann Glucose durch andere C-Quellen, z. B. Dextrose, Acetat usw. ersetzt werden.

Hefeextrakte-Pepton-Medium (YP)

0,5% Hefeextrakt
1% Pepton
1% Bernsteinsäure
2% Glukose
0,6% NaOH
10 mg/l Adenin
10 mg/l Uracil
pH 5,8

Minimalmedium mit Thiamin für *S. lipolytica* (MMT)

0,5% $NH_4H_2PO_4$
0,25% KH_2PO_4
0,1% $MgSO_4 \cdot 7\,H_2O$
1% Glucose
20 mg/l $Ca(NO_3)_2 \cdot 4\,H_2O$
2 mg/l $FeCl_3 \cdot 6\,H_2O$
0,5 mg/l H_3BO_3
0,4 mg/l $MnSO_4 \cdot H_2O$
0,4 mg/. $ZnSO_4 \cdot 7\,H_2O$
0,1 mg/l $CaCl_2$
0,1 mg/l $CuSO_4 \cdot 5\,H_2O$
0,1 mg/l KJ
100 µg/l Thiamin
pH 6,5

Minimalmedium für *Sacch. cerevisiae* (MM)

0,2% KH_2PO_4
0,1% $MgSO_4$
0,1% $(NH_4)_2SO_4$
2% Glucose
200 µg/l Thiamin
2 µg/l Biotin

Zugabe von Aminosäuren, Purin-, Pyridinbasen und Vitaminen

Bei Bedarf werden den MM-Medien 50 mg/l Aminosäuren und Purin- bzw. Pyrimidinbasen oder 2 mg/l Vitamine zugegeben. Diese Substanzen werden als Stammlösungen (Aminosäuren und Basen je 100 mg/200 ml aqua dest., Vitamine 4 mg/200 ml aqua dest.) vorbereitet. Nach Filtration durch G5-Glassinterfritten können diese Stammlösungen bei Zimmertemperatur aufbewahrt werden. Der Zusatz zu den Medien erfolgt im Verhältnis 1:10. Bei Verwendung verflüssigter Agarmedien sollten diese vor der Zugabe der Stammlösungen auf 55 °C abgekühlt werden.

Konjugationsmedium

1% Glucose
0,5% NH_4NO_3
0,05 m KH_2PO_4
0,1% $MgSO_4 \cdot 7\,H_2O$
pH 5,5

YM-Medium

0,3% Hefeextrakt
0,5% Pepton
0,3% Malzextrakt

Präsporulationsmedium

2% Glucose
0,5% $(NH_4)_2SO_4$
0,5% Hefeextrakt
0,2% KH_2PO_4

Sporulationsmedien

Saccharomyces cerevisiae:

Natriumacetat-Agar nach Fowell

2% Natriumacetat
0,25% Hefeextrakt
0,1% Glucose
pH 6,5—7,0

GORODKOWA-Agar

1% Fleischextrakt
1% Pepton
0,5% NaCl
0,25% Glucose

Saccharomycopsis lipolytica:

Gemüsesaft-Agar

Je 200 ml folgender Gemüsesäfte: Rote Beete, Sellerie, Tomaten, Möhren, Weißkohl, Gemüsesaftgemisch, pH von 6,8 einstellen mit NaOH. Zusatz von 40 g getrockneter Hefe (*S. lipolytica* Stamm YB 423-3) aus der log. Phase. Gemisch wird im Wasserbad 10 Minuten lang erhitzt, mit 1000 ml Leitungswasser verdünnt. Verfestigung erfolgt mit Agar. Sterilisation: dreimal im Dampftopf

V-8-Medium

1 l V8-Juice (Campbell's Soup)
pH 6,8 mit NaOH einstellen

Zusatz von 200 g Hefekuchen, Gemisch 10 Min. in kochendem Wasserbad erhitzen, mit 1000 ml Leitungswasser verdünnen und mit Agar verfestigen. Anstelle des Hefekuchens können 20 g getrockneter Hefe eines *S. liplytica*-Stammes verwendet werden.

Natriumcitrat-Sporulationsmedium (CSM)

Gleiche Mineralsalzzusammensetzung wie das MMT-Medium, aber statt 1% Glucose Zugabe von 2% Natriumcitrat. Zusätzlich werden die 20 biologisch aktiven Aminosäuren, Purin- und Pyrimidinbasen zu je 50 mg/l und Vitamine Biotin, Riboflavin, Calciumpanthotenat, Inosit, p-Aminobenzoesäure, Pyridoxin und Nicotinsäureamid zu je 2 mg/l dem Medium zugesetzt.

Symbole für Hefegene

(nach R. K. Mortimer und D. Schild, Mikrobiological Reviews, 1980)

Gen-symbol	Phänotyp
ade	adeninbedürftig
AMY	antimycinresistent
ant	antibioticaresistent
arg	argininbedürftig
aro	bedürftig für aromatische Aminosäuren
asp	aspartatbedürftig
axe	axenomycinresistent
bar	Zellen des Paarungstyp a weisen keine Zellwandveränderungen bei Einwirkung des α-Faktors auf
BOR	borrelidinresistent
can	canavaninresistent
car	unfähig Arginin abzubauen
cdc	bei 36 °C im Zellzyklus blockiert
cen	Centromer
chl	bewirkt Chromosomenverlust
cho	cholinbedürftig
cly	lysiert bei 36 °C
cpa	argininbedürftig, wenn hohe Uracilkonzentration im Medium vorliegt
cry	cryptopleurinresistent
CUP	kupferresistent
cyc	unfähig Cytochrom c zu bilden
cyh	cycloheximidresistent
cys	cysteinbedürftig
dal	unfähig Allantoin abzubauen
dbl	keine Bindung des Farbstoffes Alcianblau
dur	kein Abbau von Uracil
eth	äthioninresistent
fas	keine Bildung der Fettsäuresynthetase
fdp	unfähig auf Glucose, Fructose, Saccharose oder Mannose zu wachsen
flk	resistent gegen Katabolit-Repression
FLO	Flockulation
fol	folatbedürftig
fro	schäumend
gal	keine Verwertung von Galactose
glc	veränderte Glycogenspeicherung
glk	keine Glucokinaseaktivität (keine Verwertung von Glucose)
his	histidinbedürftig
HML	Paarungstyp-„Kassette"
HMR	Paarungstyp-„Kassette"

Gensymbol	Phänotyp
HO	Homothallie
hom	homoserinbedürftig
hxk	keine Hexokinaseaktivität
ils	keine Isoleucin-tRNS-Synthetase. Wächst nicht bei 36 °C
ilv	isoleucin-valinbedürftig
kar	keine Kernfusion
kex	unfähig den Killerphänotyp auszubilden
lap	keine Leucinaminopeptidaseaktivität
let	letal
leu	leucinbedürftig
lts	empfindlich gegen niedrige Temperatur
lys	lysinbedürftig
mak	bildet keinen Killerphänotyp aus
MAL	kann Maltose verwerten
mar	teilweise Expression der Paarungstyp-„Kassetten“
MAT	Paarungstyplocus
mes	keine Methionyl-tRNS-Synthetase, wächst nicht bei 36 °C
met	methioninbedürftig
MGL	vermehrte α-Methylglycoside
min	wird durch Methionin gehemmt
mnn	keine Mannansynthese
mut	erhöhte spontane Mutationsrate
nul	keine Paarung
ole	oleatbedürftig
oli	oligomycinresistent
osm	empfindlich gegen niedrigen osmotischen Druck
pdx	pyridoxinbedürftig
pep	keine Proteinaseaktivität
pet	„petite“, kein Wachstum auf nichtfermentierbaren Kohlenstoffquellen
pgi	keine Phosphoglucose-Isomeraseaktivität
pgk	keine 3-Phosphoglyceratkinaseaktivität
pha	phenylalaninbedürftig
pho	keine Phosphataseaktivität
prb	keine Proteinaseaktivität
prt	keine Proteinsynthese bei 36 °C
pur	Purinausscheidung
pyk	keine Pyruvatkinaseaktivität
r_s^1	strahlungsempfindlich
rad	strahlungsempfindlich (UV- oder ionisierende Strahlen)
RDN	Strukturgene ribosomaler DNS

Gen-symbol	Phänotyp
rev	nicht revertierbar
ROC	roccalresistent
rme	Meiose erfolgt unabhängig davon, ob Paarungstyp heterozygot vorliegt
rna	keine RNS-Synthese bei 36 °C
sad	veränderte Regulation der Sporulation
ser	serinbedürftig
ski	Superkiller
sot	Suppression der dTMP-Aufnahme
spd	Sporulation ist im Vollmedium nicht unterdrückt
spe	spermidinresistent
spo	keine Sporulation
sst	supersensitiv gegen den α-Faktor
ste	steril
SUC	verwertet Saccharase
SUF/suf	Suppression von Frameshift-Mutation
suh	Suppression von his 2-1
SUP/sup	Suppression von Nonsense-Mutationen
SUS	Suppression von ser 1
swi	keine Homothallie
tcm	trichoderminresistent
thi	thiaminbedürftig
thr	threoninbedürftig
til	thiaisoleucinresistent
tmp	thymidinmonophosphatbedürftig
tra	triazylalaninresistent
trp	tryptophanbedürftig
ts	temperatursensitiv, letal (bei 36 °C)
tsl	temperatursensitiv, letal (bei 36 °C)
tsm	temperatursensitiv, letal (bei 36 °C)
tup	kann dTMP aufnehmen
tyr	tyrosinbedürftig
umr	durch UV-Strahlen nicht revertierbar
ura	uracilbedürftig

Begriffserläuterungen

Allel	Eine von zwei oder mehreren alternativen Zustandsformen eines Gens des gleichen Locus.
aneuploid	sind Zellen, Individuen oder Organismen, die ein oder mehrere Chromosomen zusätzlich oder weniger besitzen, als für die Grundzahl der betreffenden Art charakteristisch ist.
Ascus	Sporangienform perfekter Hefen, in der die sexuelle Reproduktion (Karyogamie, Meiose) zur Bildung von 4—8 haploiden Ascosporen führt.
auxotroph	sind Zellen oder Individuen (Mutanten), die im Gegensatz zur prototrophen Normalform nicht zur Synthese von Wuchsstoffen fähig sind und die sich nur in Gegenwart dieser Verbindungen vermehren können.
Centromer	Ansatzstelle der Spindelfasern an den Chromosomen während der Mitose und Meiose, beteiligt an der Mikrotubuli-Organisation.
Chromosom	Fädige Struktur des Zellkerns bei Eukaryoten, die im wesentlichen aus DNS und Protein besteht, und zusammen mit weiteren Chromosomen den wichtigsten genetischen Informationsträger darstellt. (syn. Kopplungsgruppe)
Crossing over	In der Meiose und Mitose eintretender, zur Rekombination führender reziproker Austausch von Segmenten homologer Kopplungsgruppen nach Bruch und kreuzweiser Wiedervereinigung.
diploid	sind Zellen und Organismen mit zwei homologen (haploiden) Chromosomensätzen (2n).
Dominanz	Ergebnis der Wirkung des merkmalbestimmenden Allels im heterozygoten diploiden Zustand bei Überdeckung der Wirkung des anderen Allels, die sich phänotypisch manifestiert.
Eukaryoten	Ein- oder mehrzellige Organismen, deren Zellen einen echten Kern mit einer definierten Membran und komplex aufgebaute Chromosomen sowie einen Kernteilungsapparat aufweisen. Darüber hinaus besitzen sie weitere Organellen wie Mitochondrien und endoplasmatisches Retikulum.
Exponentielles Wachstum	Das Wachstum einer statischen Kultur, das durch eine konstante maximale Teilungsrate aller Zellen charakterisiert ist. Die graphi-

	sche Darstellung der Abhängigkeit der Zellzahl von der Zeit ergibt eine ansteigende Exponentialkurve. (syn. logarithmisches Wachstum)
Fertilität	Die Potenz zur Reproduktion, die sich in der Fähigkeit zur Erzeugung lebensfähiger Nachkommen äußert. Sie schließt bei Hefen die Fähigkeit zur Konjugation, Sporulation, Bildung kompletter Tetraden und Keimfähigkeit der Sporen ein.
Fusion	Verschmelzung vegetativer Zellen oder Protoplasten.
Gen	Kleinste Funktionseinheit eines Genoms, die für die Biosynthese eines definierten Produktes verantwortlich ist und eine spezielle DNS-Basensequenz aufweist.
generativ	Geschlechtliche oder sexuelle Form der Fortpflanzung, bei der die Nachkommen aus einer durch Verschmelzung physiologisch geschlechtlich differenzierter Zellen oder Gameten entstandenen Zygote hervorgehen.
Genom	Gesamtheit des genetischen Materials einer Zelle, das bei Eukaryoten bevorzugt in einem für die jeweilige Art spezifischen Chromosomensatz organisiert ist.
Genotyp	Die Gesamtheit der im Zellkern (in den Chromosomen) lokalisierten genetischen Information (Gene).
Glusulase	Handelsbezeichnung für partiell gereinigtes Gemisch zellwandlytischer Enzyme. (syn. Helicase, Schneckenenzym)
haploid	sind Zellen oder Individuen mit einem einzigen kompletten Chromosomensatz pro Zelle (1n).
heterothallisch	sind Fortpflanzungssysteme bei Pilzen, die für die sexuelle Reproduktion die Fusion genetisch unterschiedlicher Kerne von verschiedenen Thalli bzw. Individuen voraussetzen. (syn. heteromiktisch)
heterozygot	sind diploide (oder polyploide) eukaryotische Zellen mit unterschiedlichen Allelen in gleichen Loci homologer Chromosomen.
homothallisch	sind Fortpflanzungssysteme bei Pilzen, bei denen sich die sexuelle Reproduktion über die Fusion genetisch identischer Kerne von Individuen in Einsporkulturen vollzieht, die sowohl als Kernakzeptor als auch -donor fungieren können. (syn. homomiktisch)
homozygot	sind diploide (oder polyploide) eukaryotische Zellen mit identischen Allelen im gleichen Loci homologer Chromosomen.
Hybride	Produkt zweier genetisch unterschiedlicher Individuen resultierend aus einer generativen oder somatischen Vereinigung deren Genome.
Hybridisierung	Prozeß der Verschmelzung genetisch unterschiedlicher Gameten oder Zellen unter Bildung eines Produktes (Hybride), das Merkmale beider Eltern vereinigt.

imperfekte Hefen	sind charakterisiert durch das Fehlen der sexuellen Reproduktion. (syn. fungi imperfecti)
Karyogamie	Kernverschmelzung, wesentliche Phase sexueller bzw. parasexueller Prozesse.
Kinetochor	syn. Centromer
Klon	Eine durch vegetative Vermehrung, d. h. Sprossung oder Teilung einer einzigen einkernigen Hefezelle entstandene genetisch einheitliche Nachkommenschaft.
Komplementation	Fähigkeit zur Kompensation von Funktionsdefekten verschiedener Mutanten nach sexuell oder somatisch erfolgter Vereinigung ihres Cytoplasmas oder ihrer Kerne.
Konjugation	Sequenz von Ereignissen, die durch Zellkontakt oder Verschmelzung von Zellen zur Bildung einer Zygote und Vereinigung des genetischen Materials sexuell unterschiedlicher (oder gleichartiger) Hefezellen führt. (syn. Kopulation)
Locus	Die Position eines Gens auf einer Genkarte
Marker(n)	Bezeichnung für Markierungspunkte auf Chromosomen, die Genen entsprechen und dem Nachweis von Rekombinationen, ihrer Segregation und Lokalisation dienen.
Meiose	Kernteilungsvorgang, der zur Reduktion der Chromosomenzahl führt und in der Regel zwei Kernteilungen (Meiose I und II) einschließt.
Microbody	Cytoplasmatisches Organell, das sich durch die Anwesenheit H_2-bildender Oxidasen sowie hohen Katalasegehalt auszeichnet. (syn. Peroxysom)
Mikrotubuli	Aus Proteinuntereinheiten aufgebaute, labile röhrenförmige Strukturen eukaryotischer Zellen, die an Chromosomenbewegungen, Transportprozessen u. a. Vorgängen beteiligt sind.
Mitose	Vorgang, bei dem der Kern im Zellzyklus geteilt wird (Karyokinese) und der zur Entstehung von zwei genetisch identischen Tochterkernen führt.
Mutation	Spontan oder unter dem Einfluß chemischer und physikalischer Agentien erfolgende diskontinuierliche Veränderung des genetischen Materials.
Mutante	Individuum, das durch Einwirkung chemischer oder physikalischer Faktoren in einzelnen Genen, größeren Chromosomenbereichen, der Chromosomenzahl oder im Plasmon genetisch verändert ist.
Nucleolus	Abgegrenzter, optisch homogener Bereich des Zellkerns, in dem die rRNS-Synthese erfolgt und der sich während der Mitose auflöst. (syn. Kernkörperchen)
Paarungstyp	Im Sinne von Geschlecht bei Pilzen verwendete Bezeichnung zur Unterscheidung sexuell unterschiedlicher Stämme. (syn. Kreuzungstyp)
permissive Bedingungen	Umweltbedingungen wie z. B. Temperatur, die die Lebensfähigkeit einer Kultur ermöglichen.

perfekte Hefen	Hefen, die sich sexuell vermehren können und einen geschlossenen Lebenszyklus mit Karyogamie und Meiose aufweisen.
Phänotyp	Erscheinungsbild einer Zelle oder eines Individuums, das durch den Genotyp sowie die Wirkung von Umweltfaktoren geprägt wird.
Plasmon	Gesamtheit aller extrachromosomalen Erbträger der Zelle.
Ploidie	Kernstatus, der sich durch eine für das Individuum charakteristische Chromosomenzahl (Chromosomensatz) auszeichnet. Hefen können einen haploiden, diploiden oder polyploiden Kernstatus aufweisen oder aber aneuploid sein.
Prokaryoten	Organismen, die sich im Unterschied zu den Eukaryoten dadurch auszeichnen, daß das genetische Material nicht durch eine deutlich erkennbare Membran vom Cytoplasma getrennt ist und die keine Mitochondrien bzw. Chloroplasten sowie weitere Organellen wie die Eukaryoten besitzen.
Protoplast	Zelle, die infolge der Einwirkung lytischer Enzyme keine Zellwand mehr aufweist, nur von einer bilamellaren Membran umschlossen ist und nur unter osmotisch stabilisierten Bedingungen zu existieren vermag.
prototroph	sind Hefestämme, die ohne zusätzliche Komponenten (Vitamine, Aminosäuren usw.) infolge ihrer vollen Syntheseleistung in der Lage sind, auf Minimalnährböden zu wachsen.
Regeneration	Vorgang der Rückbildung der Zellwand bei Protoplasten, der unter spezifischen Bedingungen abläuft und zur Herstellung der vollen Integrität der Zelle führt. (syn. Reversion)
Repression	Hemmung der Transkription durch spezifische Proteine oder andere Metabolite (Repressoren.)
restriktive Bedingungen	Milieubedingungen (Temperatur, pH u. a.) die zum Verlust der Lebensfähigkeit einer Kultur führen. (syn. nichtpermissiv)
Revertante	Mutante, deren Phänotyp eine partielle oder vollständige Umwandlung in den Wildtyp- oder in einen wildtypähnlichen Phänotyp erfahren hat.
Rezessivität	Bezeichnung des nicht manifestierten, durch ein dominantes Gen unterdrückten Merkmals im diploiden, heterozygoten Zustand.
Selektion	Auslese (Vermehrung) von Genotypen, die bestimmten Umweltbedingungen besser angepaßt sind als andere.
Selektivmedium	Medium, das durch seine Zusammensetzung nur das Wachstum spezieller Genotypen erlaubt.
Sexualpheromone	Oligopeptide, die morphologische und funktionelle Veränderungen der Hefen bei der Konjugation induzieren und eine Korrelation von Zellzyklusphasen bedingen.
Sphäroplast	Zellen, deren Zellwand infolge der Wirkung lytischer Enzyme partiell entfernt oder geschädigt ist.

Stamm	Gruppe verwandter Individuen (Mikroorganismen), die sich unter definierten Bedingungen durch bestimmte Merkmale von solchen anderer Gruppen unterscheidet.
Stationäre Wachstums-phase	Wachstumsphase, in der infolge Substratbegrenzung oder Produktanhäufung sich die Zahl der teilungsfähigen Zellen verringert. Es ist keine Zunahme der Zellkonzentration mehr meßbar.
Tetrade	Die im Ergebnis der Meiose innerhalb des Ascus entstandenen vier Sporen mit reduzierter (haploider) Chromosomenzahl.
Transformation	Übertragung genetischer Information mittels isolierter DNS.
Transposon	diskretes translokalisierbares genetisches Element, das zwischen chromosomaler, Plasmid- oder Phagen-DNS ausgetauscht werden kann.
vegetativ	ungeschlechtliche Form der Fortpflanzung, bei der für die Entstehung der Tochterzelle(n) nur eine elterliche Zelle erforderlich ist.
Zygote	Zelle, die aus der sexuellen Vereinigung zweier haploider Zellen (Gameten) hervorgeht und zwei komplette Genome aufweist.

Sachverzeichnis

FSC
www.fsc.org
MIX
Papier | Fördert
gute Waldnutzung
FSC® C083411

Zeitfracht Medien GmbH
Ferdinand-Jühlke-Straße 7
99095 Erfurt, Deutschland
produktsicherheit@kolibri360.de